宇 宙 探 索 大 百 科

星空图鉴

[西]伊格纳西·里巴斯/著 李洁 苟利军/译

南半球

天 地 出 版 社 | TIANDI PRESS

图书在版编目（CIP）数据

星空图鉴. 南半球 / (西) 伊格纳西・里巴斯著；
李洁，苟利军译.—成都：天地出版社，2022.7（2023.3重印）
（宇宙探索大百科）
ISBN 978-7-5455-6940-7

Ⅰ.①星… Ⅱ.①伊… ②李… ③苟… Ⅲ.①天文学-普及读物
Ⅳ.①P1-49

中国版本图书馆CIP数据核字(2022)第011434号

著作权登记号　图进字：21-2021-543

XINGKONG TUJIAN：NANBANQIU

星空图鉴：南半球

出品人　杨　政
总策划　陈　德　戴迪玲
联合策划　北京高朗文化传媒有限公司
作　者　［西］伊格纳西・里巴斯
译　者　李　洁　苟利军
策划编辑　王　倩
责任编辑　王　倩　刘桐卓
特约编辑　王玮红
装帧设计　霍笛文　刘　蕊
责任印制　刘　元

出版发行　天地出版社
（成都市锦江区三色路 238 号　邮政编码：610023）
（北京市方庄芳群园 3 区 3 号　邮政编码：100078）
网　址　http://www.tiandiph.com
电子邮箱　tianditg@163.com
经　销　新华文轩出版传媒股份有限公司

印　刷　北京中科印刷有限公司
版　次　2022 年 7 月第 1 版
印　次　2023 年 3 月第 4 次印刷
开　本　889 mm × 1194 mm　1/16
印　张　5.75
字　数　100 千
定　价　45.00 元
书　号　ISBN 978-7-5455-6940-7

咨询电话：（028）86361282（总编室）
购书热线：（010）67693207（营销中心）

本版图书凡印刷、装订错误，可及时向我社营销中心调换。

地平线尽头的天空

古代航海的指明灯

古代，人们夜晚在海上航行时，唯一能够帮助他们清晰辨别方向的参考点就在夜空中。1519 年，费尔南多 · 德 · 麦哲伦（Fernando de Magallanes）率领一支由 5 艘船组成的西班牙船队开始了环球航海。麦哲伦死后，他的同伴胡安·塞瓦斯蒂安 · 埃尔卡诺（Juan Sebastián Elcano）继续率领船队，完成了人类史上第一次环球航海。在这次航行中，费尔南多 · 德 · 麦哲伦和胡安 · 塞瓦斯蒂安 · 埃尔卡诺都受益于夜空中的这些参考点。

追随星辰航行

1519 年，当这些探险家们开启他们的首次全球航海之旅时，尤其是在危险的航程的第一阶段，他们就是利用北方星座找到了方向。北方星座曾经是探险家们远途航行的伙伴。

与众不同的星座

当水手们驶向遥远海域的时候，他们头顶的星空已经悄然发生了变化。此时的夜空布满了其他星座，与那些在航程第一阶段帮助他们指引方向的北方星座全然不同。

面对南半球天空

16 世纪，在北半球生活的居民几乎不了解南半球星座。对于任何一个见过北半球和南半球夜空的航海者来说，两者的区别显而易见。图中是从澳大利亚的吉普斯兰（Gippsland）海岸看到的夜空。

星云的身份

当地的天文学家以前研究过这些星云，随着时间的推移，后人将它们分别命名为大麦哲伦云（Large Magellanic Cloud）和小麦哲伦云（Small Magellanic Cloud），以纪念完成了首次环球航海的船长麦哲伦。今天我们知道，这两个星云其实是两个星系。

两片奇怪而耀眼的云

对于水手来说，他们曾经到达过的那片遥远海域上的天空比自己家乡的天空更加壮观。天空中的几个天体吸引了他们的注意力，这几个天体看上去像云，却散发着星星一样的光芒。

证明地圆说的标志

在一次冲突中，麦哲伦不幸身亡，但幸存者没有退缩，而是继续前行。当北半球上空的星星再次出现在他们的视野中，天空包裹着他们脚下的地球。航海者们绕地球航行了一周，这首次证明：地球是圆的，而不是平面的。

并非平面的地球

人类首次环球航海在 1522 年完成。毫无疑问，这次航海证实了地球是圆的。如今，我们可以从这张于 2015 年由国际空间站（International Space Station）拍摄的照片中清晰地看到这一点。

星空图鉴·目录
南半球

肉眼所见的南半球天空

上图为智利的帕拉纳尔天文台（Paranal Observatory）拍摄的夜空全景。欧洲南方天文台（European Southern Observatory）在这里安装了甚大望远镜

南半球的恒星和星团

南半球的星云

南半球的星系

附　录

肉眼所见的南半球天空

南半球天空遍布各种各样肉眼可见的天体。事实上，我们地球的天空中最闪耀的恒星都在南半球的星座中。其中最引人注目的天体包括船底星云（Carina Nebula，也被称为 NGC 3372）、南十字座和麦哲伦云。

左图：从智利拉西亚天文台（La Silla Observatory）观测到的银

南半球的星座

古时候北半球的观测者没有办法观测到南半球的星座，所以他们从未见过如此令人瞩目的星云，以及银河系的两个重要的伴星系：大麦哲伦云和小麦哲伦云。

从南半球看到的天空广布星组，其中就有闪耀于星座间、广为人知的恒星群，其中颇具代表性的有半人马座和南十字座。准确地说，从地球上望去，天狼星（大犬座 α）、老人星（船底座 α）和南门二（半人马座 α）是三颗明亮的恒星，它们都属于南半球的星座。从地球上也可以清晰地看到银心区域，这片区域穿过明暗不一的天空，经过了人马座、天蝎座和大犬座。

为星座命名

直到几个世纪以前，北半球的天文学家才得以观测到南半球的夜空。所以，与北半球不同的是，南半球星座的命名中没有英雄传奇和希腊众神——有些以南半球国家中发现的动物命名，如杜鹃座（Tucana，意为巨嘴鸟）、天燕座（Apus，意为天堂鸟）和天鹤座（Grus，意为鹤）；另外一些以科学家发明的天文观测仪器命名，如南极座（Octant，意为八分仪，八分仪曾被用来在海上航行时确定恒星的位置）。

天赤道

天赤道是地面赤道在天空中的投影，垂直于地球的旋转轴。因此，天球被划分为两个界限分明的区域。不要把它与黄道混淆，黄道以地球绕太阳公转所形成的椭圆形轨道平面为标志，因此黄道经过的星座与天赤道不同。

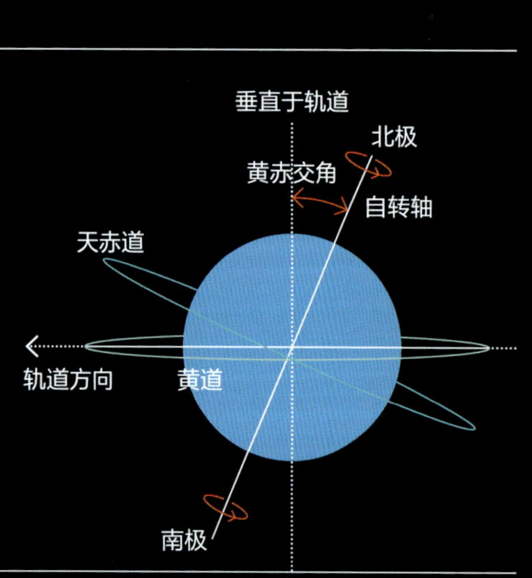

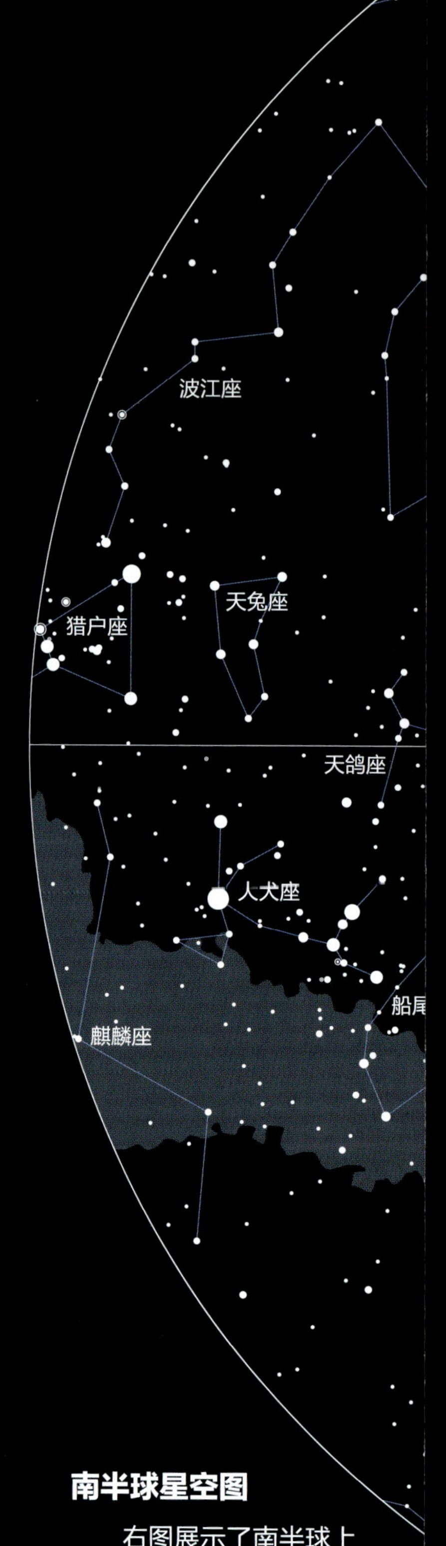

南半球星空图

右图展示了南半球上空的主要星座以及经过这些星座的银河。

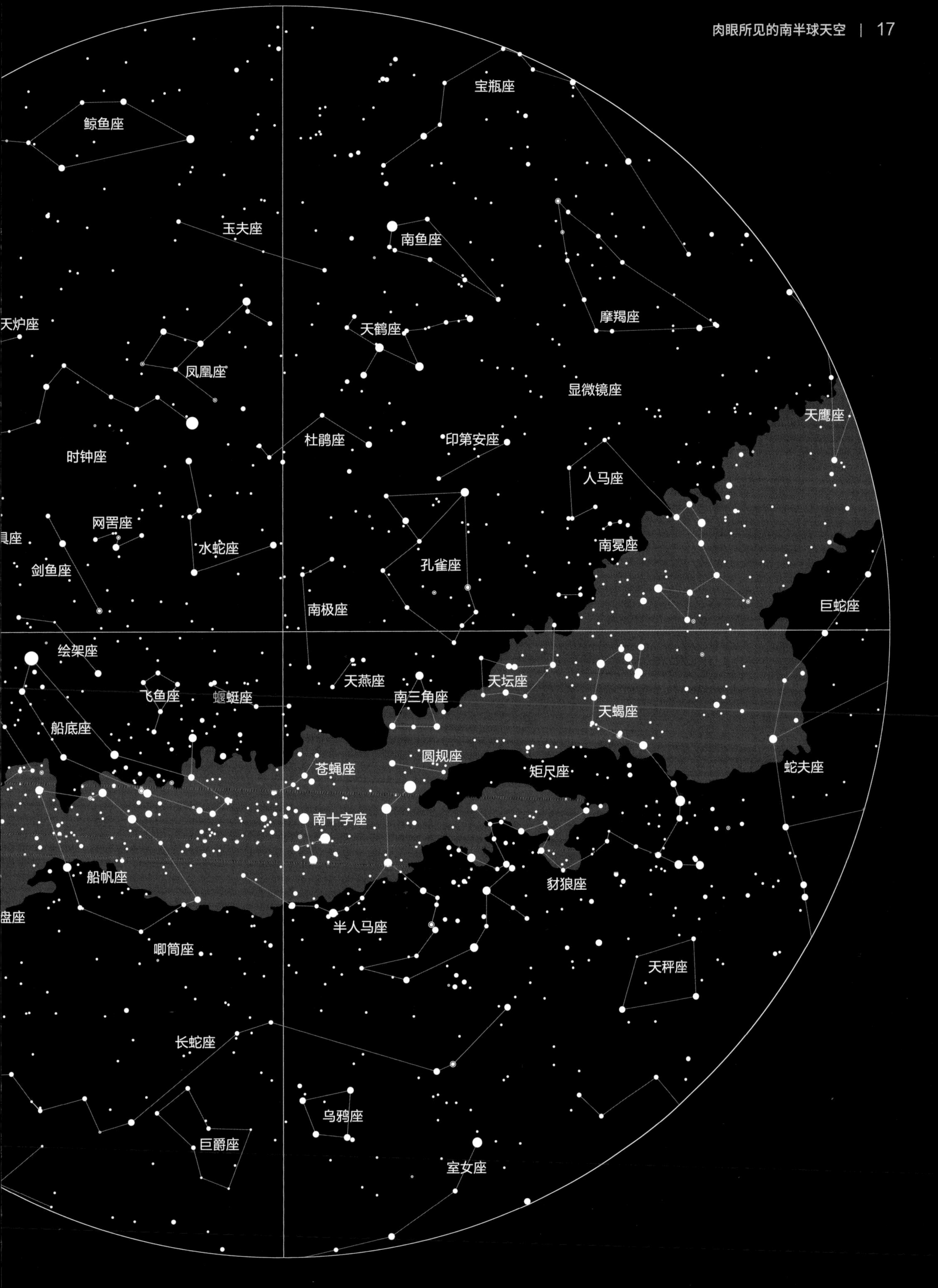

宝瓶座
鲸鱼座
玉夫座
南鱼座
天炉座
天鹤座
摩羯座
凤凰座
显微镜座
天鹰座
杜鹃座
印第安座
时钟座
人马座
网罟座
水蛇座
南冕座
剑鱼座
孔雀座
南极座
巨蛇座
绘架座
天燕座
天坛座
飞鱼座
蝘蜓座
南三角座
天蝎座
船底座
圆规座
蛇夫座
苍蝇座
矩尺座
南十字座
船帆座
豺狼座
盘座
半人马座
唧筒座
天秤座
长蛇座
乌鸦座
巨爵座
室女座

春季的天空

在南半球春季的天空中，孔雀座和天鹤座之间——距离银河系中心最远的一个区域——散布着成千上万个星系，还有最耀眼的球状星团之一——杜鹃座 47（Tucanae 47）。

春季的南半球天空远离银河系的最中心区域，这里的星系在众天体中脱颖而出。这里没有银核中特有的气体和尘埃，使得星系可以清晰地被观测到。其中包括 NGC 7049——位于印第安星座的一个透镜状星系，其大小与银河系相当，其星系核周围有一圈稠密且昏暗的尘埃环和孔雀座中的一个旋涡星系 NGC 6744。

孔雀座、天鹤座和杜鹃座

孔雀座的名字也源于鸟类，就像天鹤座和杜鹃座一样。杜鹃座十分引人注目，这是因为它有着两个重要的深空天体——小麦哲伦云和杜鹃座 47。前者是银河系附近的一个星系，后者是天空中第二明亮的球状星团，也是距离太阳系很近的星团之一。天鹤座也拥有大量的星系。

北落师门
（南鱼座 α）

南鱼座

该星座最亮的恒星有一个星周尘盘。2008 年拍摄到了其中一个系外行星在可见光范围内的第一张图像。

天鹤座

以鹤一（天鹤座 α）为代表的几个星系共同构成了天鹤座。鹤一是一颗蓝白色的亚巨星，其光度是太阳的 520 倍。

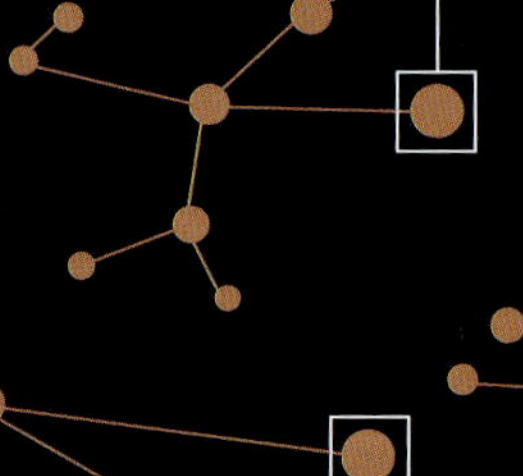

杜鹃座

杜鹃座以拥有小麦哲伦云和杜鹃座 47 而受人瞩目，因为它们是从南半球可以看到的最亮的两个天体。

春季的天空

春季的南半球星座向我们展示了大量星系和天空中最壮观的球状星团。右图中指示了每个星座中最明亮的恒星。

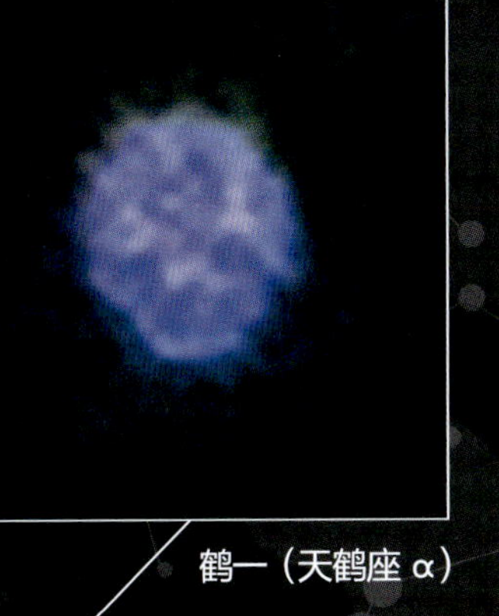

鹤一（天鹤座 α）

盾牌座

该星座属于南半球，但从北半球也可以看到它。盾牌座的特点是充满了暗星云和明亮的星团。

盾牌座 α

鳖六（南冕座 α）

显微镜座

该星座由法国天文学家尼古拉斯·路易·德·拉卡耶（Nicolas Louis de Lacaille）命名。其由暗星组成，在光污染严重的地方几乎不可见。

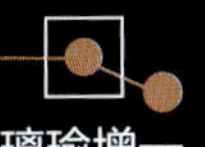

璃瑜增一（显微镜座 γ）

南冕座

该星座隐没于银河系中，可以看到其中的气体云和一些球状星团，如 NGC 6723 和 NGC 6541。

印第安座

象征着美洲印第安人。其中隐藏着大量星系，最引人注目的是 NGC 7049。

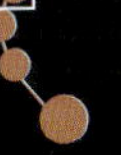

印第安座 α

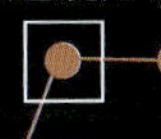

望远镜座 α

望远镜座

于 18 世纪被法国天文学家尼古拉斯·路易·德·拉卡耶观测划分，这个不显眼的小星座中没有特别重要的天体。

孔雀座

NGC 6752 在众多天体中脱颖而出。它是第三大球状星团，距离太阳系约 13 000 光年。

孔雀十一（孔雀座 α）

蛇尾三

南极座

这个星座中最亮的恒星——蛇尾三（南极座 ν），实际上是一个双星系统。

夏季的天空

南半球的夏日星空包含了十几个星座，但其最具标志性的天体是银河系最大的伴星系——大麦哲伦云。

夏季的南半球天空中充满着由各种物体命名的星座，如网罟座、时钟座和天炉座。其中最长的星座——波江座，正如那条与其同名的希腊河一样蜿蜒流淌，始于猎户座旁，止于其最亮的恒星水委一。在鲸鱼座和玉夫座之间，可以看到与众不同的 M77* 和 NGC 253。

南半球的宝藏

剑鱼座当中有着南半球天空中最著名的天体——大麦哲伦云。数千年前来，它被各种文化所记录。这个不规则星系距离银河系只有短短的 16 万光年，其视直径比 20 个月球的还要大，在黑暗的天空中可以看到一个巨大的弥散斑块。它也是本星系群中最大的恒星形成区域——蜘蛛星云（Tarantula Nebula）的所在地。

* M77 也被称为 NGC 1068，是鲸鱼座的一个活动星系。

夏季天空的天图

这张天图展示了夏季天空中的 14 个主要星座，其中心被波江座环绕。每个星座中最亮的恒星已经被标记出来。

厕一（天兔座 α）

雕具座 α

天兔座

球状星团 M79 和欣德深红星是天兔座中的暗星。欣德深红星是一颗碳星，外观呈深红色。

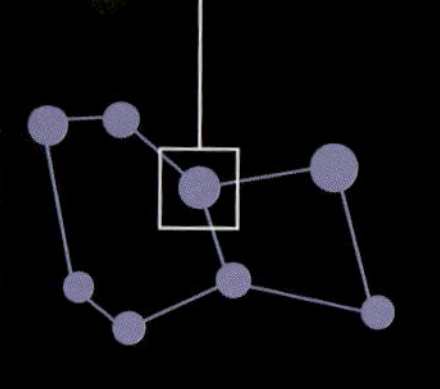

天鸽座

这个小星座看起来像是一只鸽子，其中包含着其他天体：几个星系和一个醒目的球状星团——NGC 1851。

文人一（天鸽座 α）

雕具座

该星座是较小的星座之一，其中的深空天体和明亮的恒星非常少。

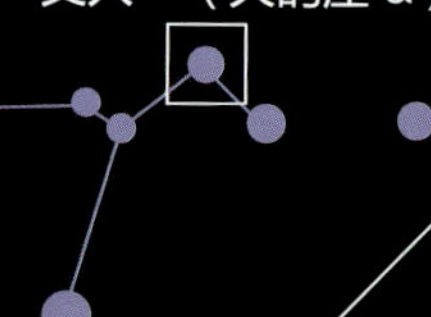

剑鱼座 α

绘架座

绘架座于 18 世纪由法国天文学家尼古拉斯 · 路易 · 德 · 拉卡耶命名。

绘架座 α

山案座 α

山案座

这个小星座中的暗星使它在天空中最难被看到。

剑鱼座

剑鱼座中充满了深空天体，其中大部分深空天体属于大麦哲伦云，主要由星团和星云组成。

天仓一（鲸鱼座 β）

火鸟六（凤凰座 α）

水委一（波江座 α）

鲸鱼座
鲸鱼座中散布着无数星系，其中 M77 最为耀眼。刍藁（型）变星也在鲸鱼座中。

天炉座
这个星座所组成的星系中有很大一部分属于天炉星系团，它距离太阳系约有 6 200 万光年。

玉夫座
玉夫座的暗星中有许多星系，其中最重要的是 NGC 253 和 NGC 300。

凤凰座
该星座的主要恒星是一个橙红色的亚巨星，不久将形成行星状星云，红巨星坍缩，温度上升，最终成为白矮星。

水蛇座
水蛇座也被称为“小水蛇”，不要把它和北半球的长蛇座混淆。

时钟座
在该星座内深空天体中，NGC 1261 最为耀眼。这是一个距离太阳系 5 万光年的球状星团。

网罟座
其中的恒星呈现出菱形的形状。该星座拥有几个用小口径望远镜就可以看到的星系，如 NGC 1313。

波江座
几百个星系伴随着波江座的恒星蜿蜒流淌，像一条穿越天空的河流，其中 NGC 1232 和 NGC 1300 最为瞩目。

秋季的天空

秋季的南半球天空中遍布各种疏散星团和星云，尤其是在银河系附近，那里有大量恒星。

在秋季的南半球天空中可以看到令人惊叹的发射星云，如位于猎户座最北部区域且与其同名的猎户座星云（M42）和船底座中的船底星云。两者构成了巨大的恒星形成区，可以用肉眼或借助双筒望远镜观测到。船底座中还有一颗最明亮的恒星——船底座 η，在不久的将来它将以超新星爆发的形式结束自己的生命。

各有特色的恒星

天狼星位于大犬座中，是天空中最亮的恒星，距离太阳系只有 8 光年。船底座中的老人星距离太阳系则远得多，约 300 光年。天空中还有 IC 2602 星团，也被称为南天七姐妹星团，它是由附近大约 60 颗年轻恒星组成的恒星家族。

秋季天空的天图

图中显示了秋季天空中主要星座和最重要恒星的位置。

六分仪座

17 世纪，六分仪座由波兰天文学家约翰内斯·赫维留（Johannes Hevelius）提出。六分仪是一种通过观测恒星来确定位置的仪器。

六分仪座 α

巨爵座

这个暗星是以太阳神阿波罗饮酒用的酒杯命名的。其中最亮的恒星巨爵座 δ 是一颗视星等为 3.5 等的橙红色巨星。

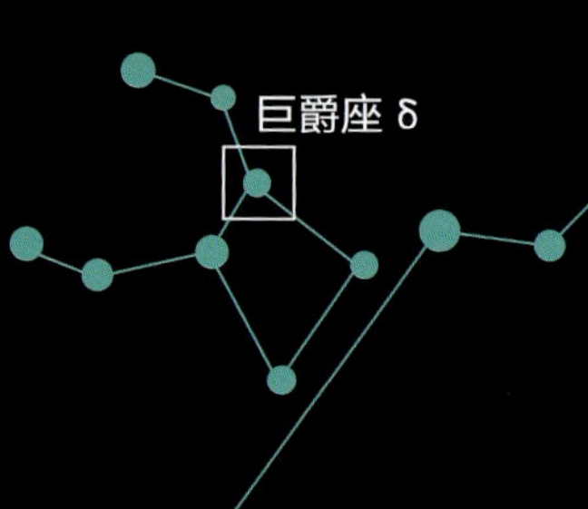

唧筒座

南半球可见的星座，但因为它太靠近地平线，所以不容易被看到。唧筒座是为了纪念法国物理学家德尼·帕潘（Denis Papin）所发明的唧筒（水泵）而命名的。

船帆座

同船尾座和船底座一样，船帆座也是古南船座的一部分。今天，它因为其中的南环状星云 NGC 3132 而被人们所熟知。

船帆座 γ

蝘蜓座

这个小星座中包含一些暗星云，其中隐藏着我们无法用肉眼看到的恒星。

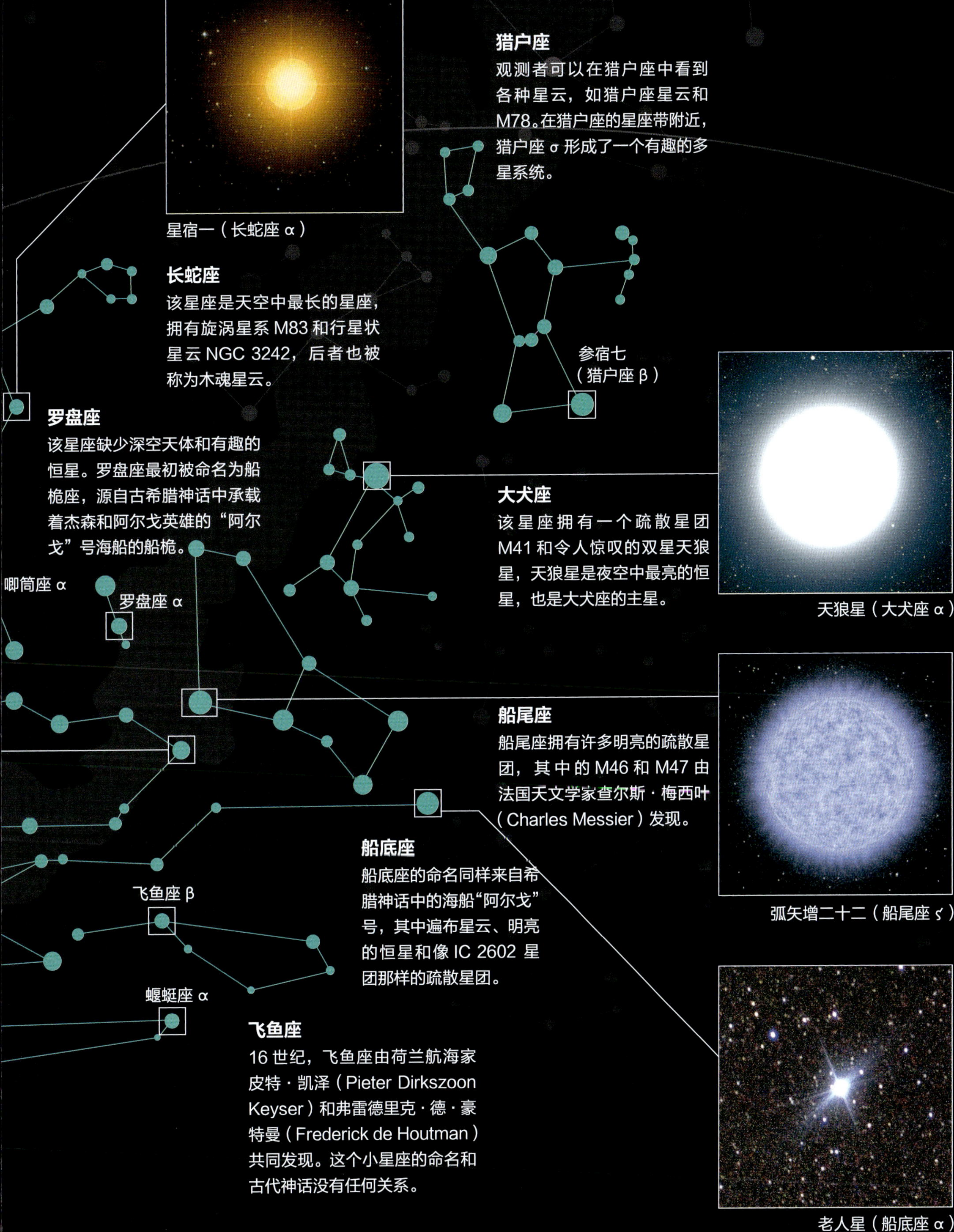

星宿一（长蛇座 α）
猎户座
观测者可以在猎户座中看到各种星云，如猎户座星云和M78。在猎户座的星座带附近，猎户座 σ 形成了一个有趣的多星系统。
长蛇座
该星座是天空中最长的星座，拥有旋涡星系 M83 和行星状星云 NGC 3242，后者也被称为木魂星云。
参宿七
（猎户座 β）
罗盘座
该星座缺少深空天体和有趣的恒星。罗盘座最初被命名为船桅座，源自古希腊神话中承载着杰森和阿尔戈英雄的“阿尔戈”号海船的船桅。
大犬座
该星座拥有一个疏散星团 M41 和令人惊叹的双星天狼星，天狼星是夜空中最亮的恒星，也是大犬座的主星。
唧筒座 α
罗盘座 α
天狼星（大犬座 α）
船尾座
船尾座拥有许多明亮的疏散星团，其中的 M46 和 M47 由法国天文学家查尔斯 · 梅西叶（Charles Messier）发现。
船底座
船底座的命名同样来自希腊神话中的海船“阿尔戈”号，其中遍布星云、明亮的恒星和像 IC 2602 星团那样的疏散星团。
弧矢增二十二（船尾座 ς）
飞鱼座 β
蝘蜓座 α
飞鱼座
16 世纪，飞鱼座由荷兰航海家皮特 · 凯泽（Pieter Dirkszoon Keyser）和弗雷德里克 · 德 · 豪特曼（Frederick de Houtman）共同发现。这个小星座的命名和古代神话没有任何关系。
老人星（船底座 α）

人马 ω 球状星团和宝盒星团（Jewel Box）。煤袋星云像是一块暗斑，遮蔽了部分银河系。

冬季的南半球天空有两个主角星座：半人马座和南十字座。通过观测南十字座，可以很容易找到南天极。在这些最耀眼的天体中，还有很多有趣的深空天体，如遮蔽了银河系的稠密的暗星云——煤袋星云，还有由年轻恒星组成的疏散星团 NGC 4755，这个闪耀的星团被人们称为“宝盒星团”。

半人马座的背后

巨大的半人马座有一颗最靠近太阳系的恒星：比邻星。它距离太阳系只有 4 光年。在位于南半球天空的半人马座中，还有两个壮观的深空天体：半人马 ω 球状星团和半人马射电源 A。半人马射电源 A 是天空中第五明亮的星系，也是一个很强的电磁波源。

冬季的天空

右侧天图中列出了在冬季南半球天空可以观测到的 11 个最重要的星座，以及每个星座中最亮的恒星。

蛇夫座

蛇夫座的特点是拥有众多球状星团，其中的几个星团，如 M10 和 M12，属于梅西叶星云星团表。

天坛座

尽管天坛座中的恒星很暗淡，但这个星座隐藏着银河系中唯一的超星团：Westerlund 1，其直径约为 6 光年，质量为 10 万个太阳质量。

矩尺座

虽然矩尺座是一个小星座，但其中充满大量的疏散星团，有些疏散星团甚至可以在小型的双筒望远镜下被观测到。

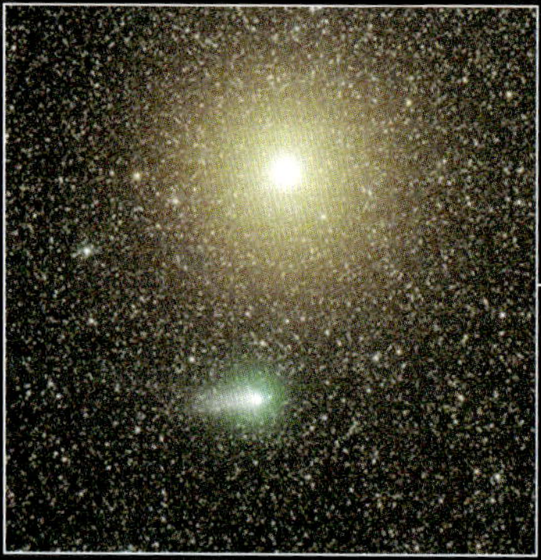

三角形三（南三角座 α）

南三角座

于 1603 年被德国天文学家约翰·拜耳（Johann Bayer）发现，这是一个小星座，其中的恒星和深空天体的数量很少。

豺狼座 α

豺狼座

豺狼座中有一些暗淡的球状星团和疏散星团，还有各种有趣的行星状星云，其中的 IC 4406 是一个具有双极结构的星云。

乌鸦座

乌鸦座是由其中最亮的恒星组成的一个不规则的小四边形，这使它看起来很显眼。引人注目的触须星系也属于这个星座。

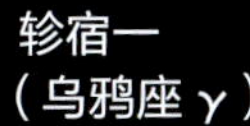
轸宿一（乌鸦座 γ）

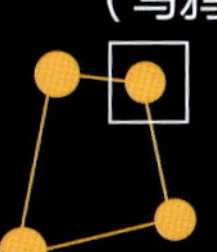

南门二（半人马座 α）

半人马座

半人马座是天空中最大的星座之一，其中遍布各种星团，拥有半人马 ω 球状星团和半人马射电源 A 等著名天体。

十字架二（南十字座 α）

圆规座 α

圆规座

因为它的位置，这个小星座还包含了一些引人注目的位于银河系之内的疏散星团。

苍蝇座 α

苍蝇座

苍蝇座原名蜜蜂座，该星座拥有行星状星云 MyCn 18，也被称为沙漏星云。

南十字座

南十字座拥有很多明亮的疏散星团。通过南十字座，很容易找到南天极。该星座是天空中著名的星座之一。

天燕座 α

天燕座

天燕座中的恒星很暗淡，所以看起来很不显眼。天燕座于 17 世纪由德国天文学家约翰 · 拜耳命名。

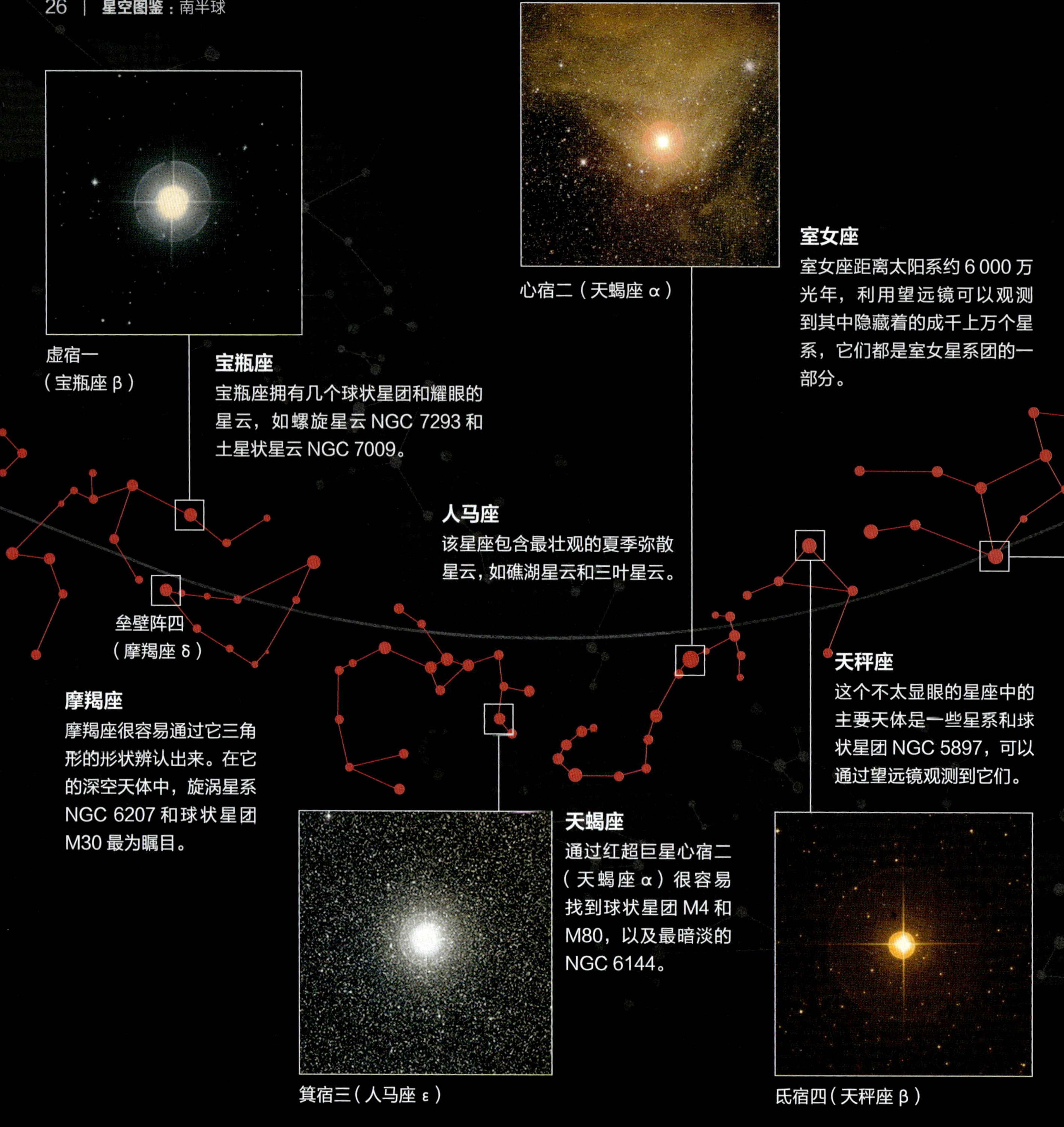

虚宿一
（宝瓶座 β）

宝瓶座
宝瓶座拥有几个球状星团和耀眼的星云，如螺旋星云 NGC 7293 和土星状星云 NGC 7009。

心宿二（天蝎座 α）

室女座
室女座距离太阳系约 6 000 万光年，利用望远镜可以观测到其中隐藏着的成千上万个星系，它们都是室女星系团的一部分。

人马座
该星座包含最壮观的夏季弥散星云，如礁湖星云和三叶星云。

摩羯座
摩羯座很容易通过它三角形的形状辨认出来。在它的深空天体中，旋涡星系 NGC 6207 和球状星团 M30 最为瞩目。

天秤座
这个不太显眼的星座中的主要天体是一些星系和球状星团 NGC 5897，可以通过望远镜观测到它们。

天蝎座
通过红超巨星心宿二（天蝎座 α）很容易找到球状星团 M4 和 M80，以及最暗淡的 NGC 6144。

箕宿三（人马座 ε）

氐宿四（天秤座 β）

黄道星座

太阳围绕地球走过的假想路线被称为黄道。与黄道相交的 5 个黄道星座在南半球看起来更清晰。

狮子座

该星系包括有趣的双星轩辕十二（狮子座 γ）和其他众多星系，如构成狮子三重星系的 M65、M66 和 NGC 3628。

金牛座

金牛座中有三个很有名的天体：蟹状星云（M1）、毕星团和昴星团。它们分布在橙红色的毕宿五(金牛座 α）周围。

白羊座

虽然白羊座在天空中很不显眼，但是它却拥有耀眼的星系 NGC 770 和迷人的双星，如娄宿二（白羊座 γ）。

北河二

北河三

娄宿三（白羊座 α）

右更二

（双鱼座 η）

毕宿五

柳宿增十

（巨蟹座 β）

轩辕十四

（狮子座 α）

双子座

北河二（双子座 α）和北河三（双子座 β）是双子座中最亮的两颗恒星，它们的对面是疏散星团 M35，也是该星座最为瞩目的深空天体。

巨蟹座

在这个由暗星形成的四边形星座中心，用肉眼即可观测到蜂巢星团，这是一个直径超过月球的明亮疏散星团。

双鱼座

巨大的双鱼座拥有旋涡星系 M74 和许多其他星系，如 NGC 520，利用小型望远镜即可观测到它。

角宿一（室女座 α）

天空中的黄道

图中列出了黄道星座和它们最亮的恒星，曲线对应黄道。

黄道是太阳、其他行星和月球环绕地球运行的假想轨道，这些太阳系天体公转的轨道平面就是黄道面。由于地轴的倾斜，黄道与天赤道并不重合，而是在天空中绘制了一条曲线，横越南北半球的星座。这些星座被称为黄道星座。

向着南方

黄道星座最南端的星座是人马座和天蝎座。二者都位于银河系中星系最稠密的区域，其特点是各种深空天体的数量众多，其中的星团和发射星云非常耀眼。实际上，银河系中心就在人马座内。由于地球自转轴的进动，太阳系内的天体实际上也经过了蛇夫座，虽然蛇夫座并不是黄道星座。

银河系中心

银河系的银核位于人马座和天蝎座之间，被大量的气体、尘埃和人马臂中的恒星所遮蔽。

壮丽的银河景观在南半球的夜空中清晰可见。与在北半球观测相比，其最闪耀的区域在天空中的位置更高。银核就位于人马座和天蝎座之间，距离太阳系约 27 000 光年，其中聚集了各种恒星，从地球上望过去，清晰可见。

银核藏身处

在该区域观测到的银河系的一部分主要是人马臂，距离太阳系约有 5 000 光年，大量的气体和尘埃在这里积聚，我们用天文望远镜无法在可见光波段观测到银核，所以需要利用其他波段（如红外线）来研究最内部的区域。

智利夜空中的银河系

在这张拍摄于南美洲的阿塔卡马沙漠（Atacama Desert）的银河系照片中，很容易区分其中包裹银核的中心区域（星系核球）和两侧较为狭长的银盘。

靠近银核

在这张由哈勃空间望远镜在可见光波段拍下的银河系中心区域的照片中，银核隐藏在成千上万颗恒星的后面。

银心的位置

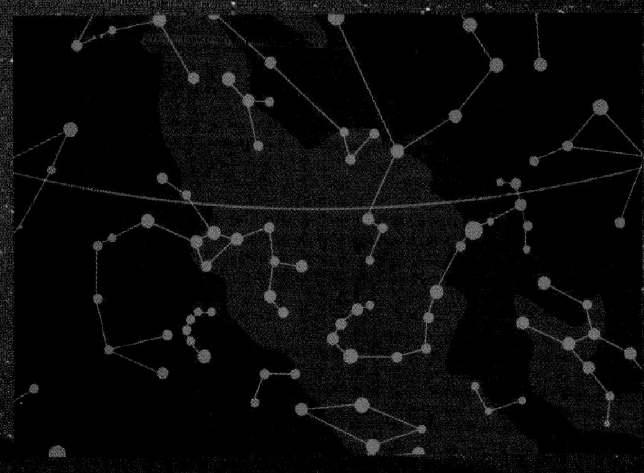

找到银心并不难，因为其包裹着的银核是我们银河系中最亮、最宽的区域。银心位于人马座和天蝎座之间，在疏散星团 M6 和礁湖星云之间。

南半球的恒星和星团

南半球的上空闪耀着明亮的恒星，这是因为天空中最明亮的恒星就在这个区域。疏散星云分布在整个银盘，船底座、半人马座和人马座等星座遍布其中。

左图：孔雀座中的球状星团 NGC 6752

南天极

虽然没有明亮的恒星可以指明南天极的位置，但是南十字座依然可以帮助观测者找到南天极，因为南十字座长轴大约指向南天极的位置。

对于南半球的观测者来说，观测南天极并不是一件容易的事。北半球上空有北极星指明北天极的位置，南天极附近却没有这样明亮的恒星。人类肉眼能观测到的距离最近的恒星是位于南极座中的南极星（南极座 σ），但是它的视星等只有 5.4 等，如果不从很暗的地方去看的话，将无法看清。所以最实际的做法就是借助南十字座，这个拱极星座从不会落到地平线之下，它虽然是现代星座中最小的星座，却十分明亮。

相反的方向

南半球和北半球的另一个显著区别：星座环绕南、北天极运行的方向不同。在南半球，星座沿顺时针方向运行;在北半球，星座沿逆时针方向运行。

移动的天极

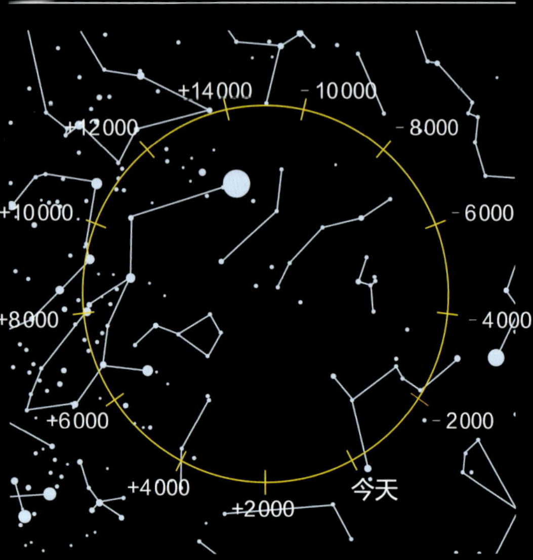

南天极并不总是待在天空中的一个固定位置。由于地球的运行，它也随之移动，每 25 772 年完成一周的绕行。在公元 9200 年，将会出现一颗相对明亮的恒星——天社三（船帆座 δ，视星等为 1.95 等）指明南天极

南天极的位置

如图所示，南十字座主轴上的恒星可以用来确认南天极的位置，两颗恒星之间距离 4.5 倍的位置就是南天极所在。另一种方法是，取南门二和马腹一（半人马座 β）之间连线的中分线，此中分线和南十字座主轴的交点就是南天极的位置。

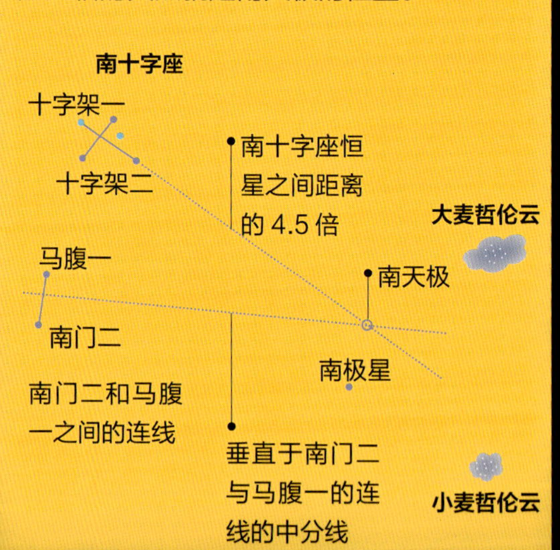

在南天极周围

这张南天极的照片拍摄于澳大利亚南部。可以看到，图片中心区域没有明亮的恒星。

南门二

这个三星系统是距太阳系最近的恒星系统，距离太阳系仅 4.37 光年。它由两颗太阳型恒星（半人马座 α 星 A 和半人马座 α 星 B）和一颗红矮星（比邻星）组成。

南门二是距离太阳最近的恒星系统。它由三颗受引力约束的恒星构成：半人马座 α 星 A、半人马座 α 星 B 和比邻星（半人马座 α 星 C）。半人马座 α 星 A 比太阳大，半人马座 α 星 B 比太阳稍小，它们之间的距离很近。半人马座 α 星 AB 双星围绕着同一个质心运行，两者均需要 80 年的时间完成绕行一周。比邻星在三星系统中最小，距离半人马座 α 星 A 和半人马座 α 星 B 只有 0.2 光年，可能需要几十万年的时间才能完成绕半人马座 α 星 AB 双星一周。

系外行星

2012 年，科学家发现半人马座 α 星 B 附近存在一颗系外行星，但很快就证实它并不存在。后在比邻星的宜居带上发现一颗跟地球很相似的系外行星，但由于比邻星不断散发出强烈耀斑，所以这里不可能存在生命。

比例尺下的比邻星

比邻星距离太阳只有 4.22 光年，是日地距离的 25 万倍。如果太阳是一个直径为 20 厘米的球，那么比邻星就是一个距离太阳 6 000 千米的乒乓球。

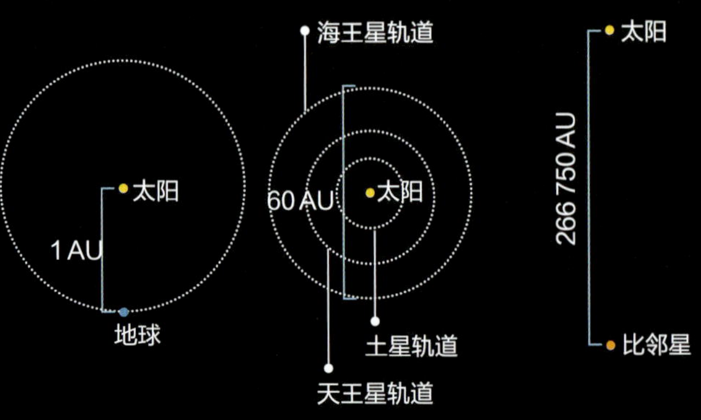

看上去像双星

因为比邻星距离较远，而且星光暗淡，所以用肉眼观测南门二时，只能看到双星。只有在天文望远镜的观测下，南门二才会显现它的多星本质。

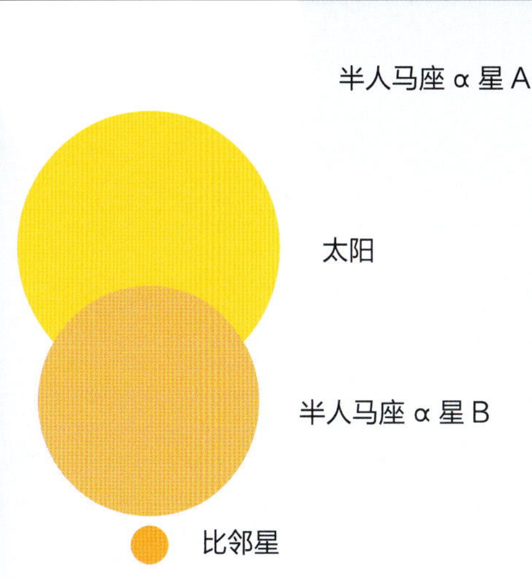

大小比较

图中比较了太阳和南门二中三颗星的大小。半人马座 α 星 A 最大，它是一颗黄矮星，半径是太阳的 1.23 倍。半人马座 α 星 B 比太阳稍小，呈现出更深的橙色。至于最小的比邻星，它的半径只有太阳的 1/7。

轨道参数

下图表示半人马座 α 星 B 相对于半人马座 α 星 A 的轨道（在坐标轴的中心）。由于其轨道相对观测者的视线有一定的倾角，且完成一周绕行需 80 年的时间，所以使用望远镜就可以很容易观测到这颗恒星。

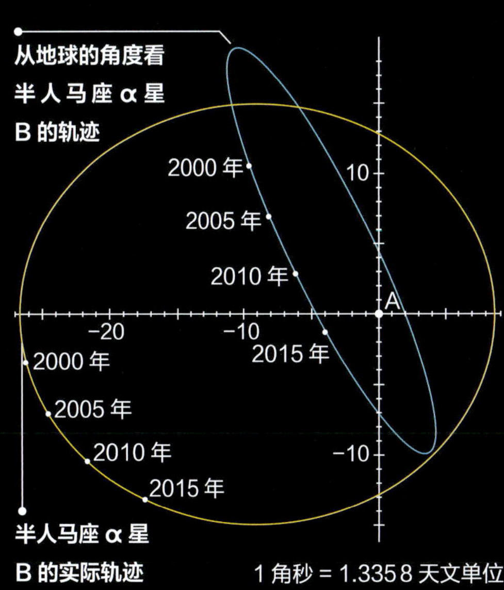

比邻星和其他红矮星

体积和质量远远小于太阳的红矮星是银河系中数量最多的恒星。比邻星是离我们最近的红矮星，在它的宜居带上，天文学家们已发现一颗系外行星。

红矮星是小质量星，表面温度比太阳低，呈红色。三星系统中的比邻星是最著名的红矮星之一，距离太阳只有 4.22 光年，是距太阳最近的红矮星。经测量，它的直径只有太阳的 1/7，质量是太阳的 1/8。

生命生存条件

比邻星附近有一颗系外行星——比邻星 b，它在比邻星的宜居带上运行，理论上，这颗行星的温度允许液态水的存在。但是，红矮星大量的磁场活动所产生的高能辐射，蒸发了行星大气和形成生命所必需的水。

其他红矮星的动态

如图所示，比邻星在接下来的 2 万年里将越来越靠近太阳，然后逐渐远离。另外两颗红矮星将依次成为最靠近太阳系的恒星：罗斯 248 将在大约 35 000 年后最接近太阳，而格利泽 445 将在这之后的 8 000 年后取代它。

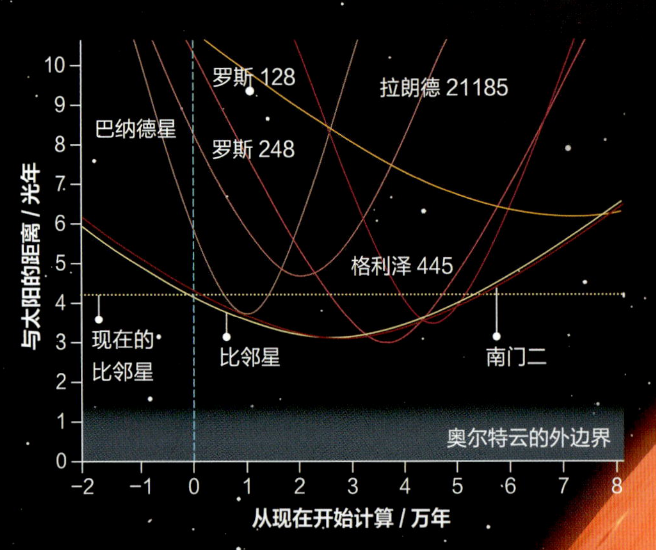

比邻星

在这幅艺术图中，从系外行星比邻星 b 的角度望去，出现在视野中的是比邻星，它闪耀着红光。

比邻星和其他红矮星

系外行星比邻星 b 距离比邻星只有 700 万千米（0.05 天文单位），要比日地距离（1.5 亿千米）短得多。但是比邻星较低的温度和较小的质量使得宜居带的范围更小——其与主星的距离为 0.04 ~ 0.08 天文单位。比邻星 b 的行星轨道正好在该宜居带内。

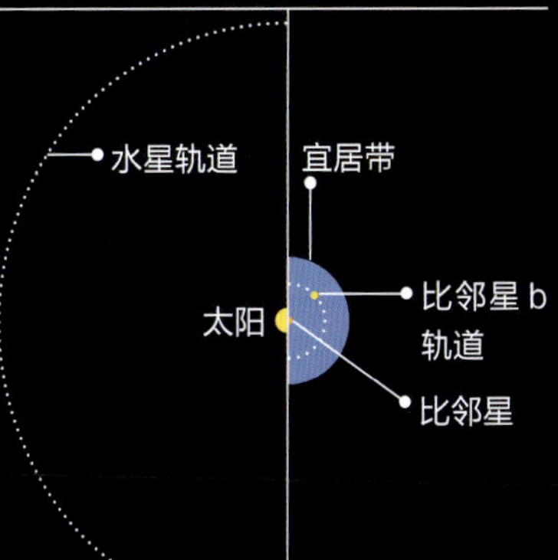

南半球的邻近恒星

南半球的邻近恒星，距离太阳系约 12 光年，由 20 颗恒星以及众多红矮星组成。大部分恒星都有一颗或者更多的行星。

继半人马座 α 三星系统之后，从南半球可观测到的、距离太阳第二近的是一对褐矮星——Luhman 16 系统，其质量不足以发生氢核聚变而成为恒星。它们之所以引人注意，是因为这两颗褐矮星的质量分别是木星质量的 30 倍左右，然而相互公转一周只需要大约 27 年。

更亮的恒星

我们附近大部分的恒星都是红矮星，但天狼星除外。天狼星距离太阳系 8.6 光年，由一颗质量为太阳 2 倍的白星和一颗围绕其运行的小白矮星组成。在距离太阳系将近 12 光年的地方，有一颗类似于太阳的恒星——天仓五（鲸鱼座 τ），它周围的碎屑盘（由尘埃、小行星和彗星组成）的质量大约是太阳周围的 10 倍。

恒星	星座	距离太阳系 / 光年	类型
比邻星	半人马座	4.2	红矮星
半人马座 α 星 A	半人马座	4.3	黄矮星
半人马座 α 星 B	半人马座	4.3	橙矮星
Luhman 16A	船帆座	6.5	褐矮星
Luhman 16B	船帆座	6.5	褐矮星
天狼星 A	大犬座	8.6	白星
天狼星 B	大犬座	8.6	白矮星
鲸鱼座 BL	鲸鱼座	8.7	红矮星
鲸鱼座 UV	鲸鱼座	8.7	红矮星
罗斯 154	人马座	9.7	红矮星
天苑四	波江座	10.4	橙矮星
拉卡耶 9352	南鱼座	10.7	红矮星
宝瓶座 EZ A	宝瓶座	11.1	红矮星
宝瓶座 EZ B	宝瓶座	11.1	红矮星
宝瓶座 EZ C	宝瓶座	11.1	红矮星
天仓五	鲸鱼座	11.7	黄矮星
印第安座 ε 星 A	印第安座	11.8	橙矮星
印第安座 ε 星 Ba	印第安座	11.8	褐矮星
印第安座 ε 星 Bb	印第安座	11.8	褐矮星
格利泽 1061	时钟座	12	红矮星
鲸鱼座 YZ	鲸鱼座	12.1	红矮星
SCR 1845-6357A	孔雀座	12.5	红矮星
SCR 1845-6357B	孔雀座	12.5	褐矮星
卡普坦星	绘架座	12.8	红矮星
拉卡耶 8760	显微镜座	12.9	红矮星

天苑四

天狼星 B

天狼星 A

太阳附近的恒星

表格显示了我们可以从南半球观测到的，距离太阳系最近的恒星位置，并且根据颜色进行了分类。

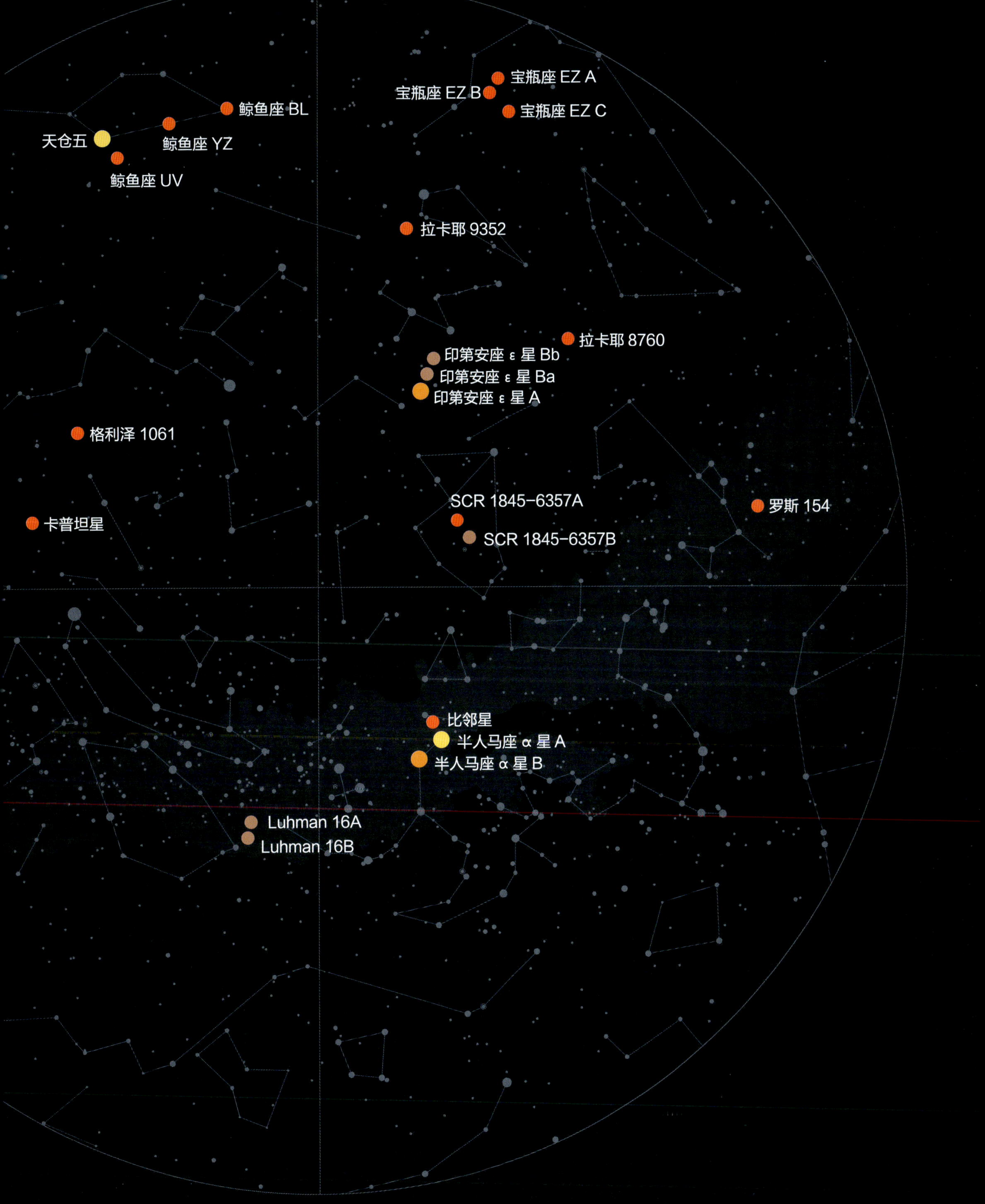

宝瓶座 EZ A
宝瓶座 EZ B
宝瓶座 EZ C
鲸鱼座 BL
天仓五
鲸鱼座 YZ
鲸鱼座 UV
拉卡耶 9352
拉卡耶 8760
印第安座 ε 星 Bb
印第安座 ε 星 Ba
印第安座 ε 星 A
格利泽 1061
SCR 1845-6357A
罗斯 154
卡普坦星
SCR 1845-6357B
比邻星
半人马座 α 星 A
半人马座 α 星 B
Luhman 16A
Luhman 16B

大犬座

图中显示的是大犬座以及夜空中最亮的恒星——天狼星（右上）。大犬座距离太阳系约 8.6 光年。

南半球的多星系统

恒星经常以双星或者多星系统的形式围绕同一质心运行。在南半球的天空中，天狼星（天空中最亮的星）和六星系统杜鹃座 β 最引人注目。

多星系统是两个或两个以上的恒星围绕一个共同的质心运行的系统。肉眼看见的大部分是双星系统——有两颗恒星，但多星系统一般由更多的恒星组成，它们的运行方式也不尽相同。毫无疑问，天狼星是天空中最亮的恒星，视星等约为 −1.47 等。天狼星就是一个双星系统，由白矮星围绕主星运行，这颗靠近主星的天狼伴星（天狼星 B）视星等仅为 8.44 等，需要使用专业的观测仪器才能看到。

六星系统

杜鹃座中的杜鹃座 β 就是一个很明显的多星系统，由 6 颗恒星组成，距离太阳系约 140 光年。人们用常规望远镜可以观测到 3 颗具有明显差异的恒星，每颗恒星其实又是一个双星系统，其组成部分彼此非常接近。

HD 98800

这个迷人的多星系统由两对相互围绕运行的双星组成。在其中一对双星的周围发现了原行星盘。

寒冷的双星

距离太阳第三近的恒星系统是Luhman 16，它是一个由两颗褐矮星组成的双星系统，距离太阳系只有6.5光年。Luhman 16的寒冷表面使它更容易被发现，专门用来红外测光的空间望远镜广域红外巡天探测者（Wide-field Infrared Survey Explorer, WISE）观测到了这颗双星。

名称	恒星	星座	距离太阳系 / 光年
南门二	3	半人马座	4.3
Luhman 16	2	船帆座	6.5
天狼星	2	大犬座	8.6
格利泽 667	3	天蝎座	23
北落师门	3	南鱼座	25
杜鹃座 β	6	杜鹃座	140~166
HD 98800（巨爵座 TV）	4	巨爵座	150
天蝎座 ν	4	天蝎座	470
心宿二	2	天蝎座	550
参宿七	4	猎户座	860

北落师门

2008 年，哈勃空间望远镜直接拍摄到了围绕白星北落师门运行的系外行星北落师门 b*，这颗行星距离太阳系约 25 光年。

北落师门（南鱼座 α）是南鱼座中最亮的一颗恒星，距离太阳系 25 光年。其质量和半径约是太阳的 2 倍，并且只有约 4 亿年的寿命，而且比太阳年轻得多。一个巨大的原行星盘围绕着它运行，它们之间的距离约为 130~160 天文单位。2008 年，哈勃空间望远镜捕获到了一颗被细小颗粒圆盘包裹着的行星，这可能是系外行星的第一张图片。这颗行星被命名为北落师门 b（也叫大衮）。

一颗白星
北落师门是一颗寿命不超过 5 亿年的白星，它的光度是太阳的 15 倍。

神秘的身份

随后，天文学家们在红外光谱中对这颗行星的性质进行了研究，认为它可能是聚集在一起的尘埃和岩石，无法形成固体。最新的数据也同样证实了这颗行星的存在，可以确定它一定被巨大的尘埃云所包围着，或是一颗拥有行星环的气态巨行星。

*北落师门 b 目前被认为不存在，它并不是一颗行星，当时所认为的“行星辐射”是两团气体碰撞所产生的辐射，而非行星反射所产生的。

尘埃环

背景星

与太阳系的比较

如果北落师门占据了太阳系的中心，那么行星北落师门 b 的轨道将位于柯伊伯带，距离为 100 ~ 250 天文单位。实际上，北落师门的原行星盘达到 133 天文单位。相比之下，冥王星与太阳的平均距离只有 40 天文单位。

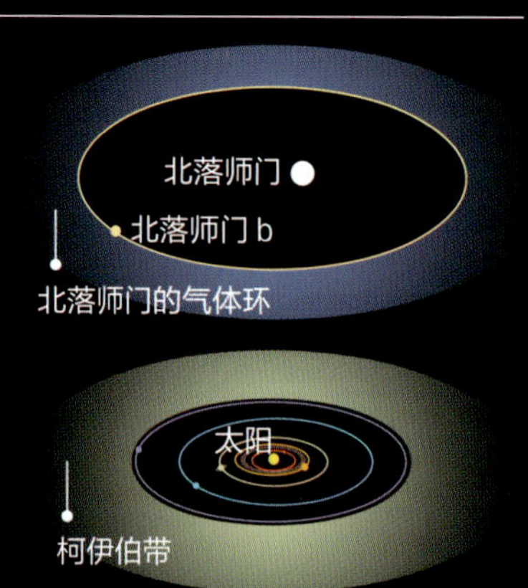

原行星盘

在由哈勃空间望远镜拍摄的图像中，北落师门的光被掩膜遮挡住了。得益于这个被称为星冕仪的仪器，我们可以欣赏到原行星盘和北落师门 b。

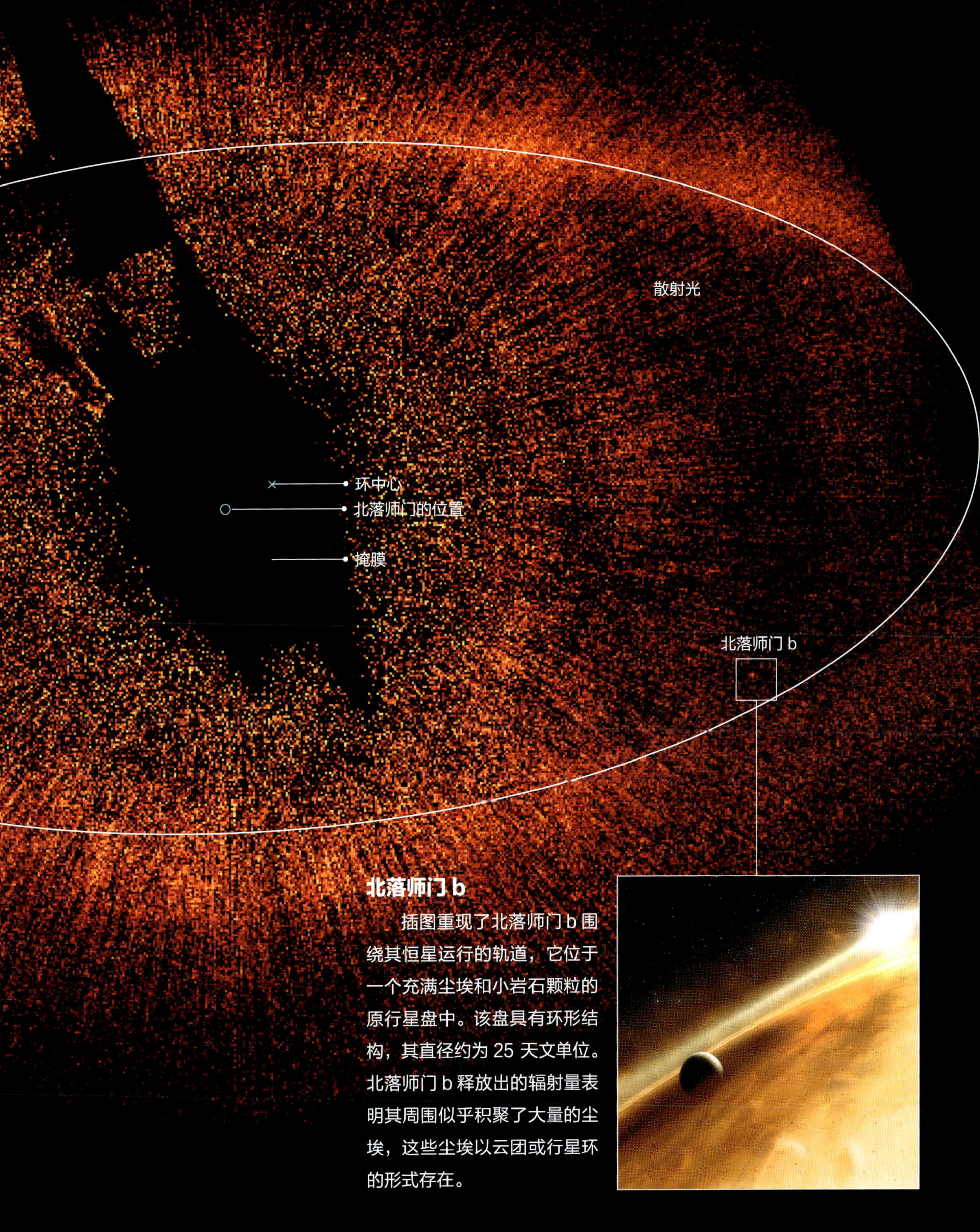

北落师门 b

插图重现了北落师门 b 围绕其恒星运行的轨道，它位于一个充满尘埃和小岩石颗粒的原行星盘中。该盘具有环形结构，其直径约为 25 天文单位。北落师门 b 释放出的辐射量表明其周围似乎积聚了大量的尘埃，这些尘埃以云团或行星环的形式存在。

南半球的疏散星团

1. M7

该星团也被称为托勒密星团，距离太阳系约 1 000 光年，位置非常靠近天蝎座尾部“毒刺”。该星团中的恒星相对年轻，年龄约为 2.2 亿年。

2. NGC 3532

该星团位于船底座，是一个拥有 150 颗恒星的明亮疏散星团，其视星等为 3 等，因此用肉眼就可以观测到。在该星团中至少可以发现 7 颗红巨星和 7 颗白矮星，这也间接证明了它的古老。

3. NGC 4755

该星团又称宝盒星团，位于南十字座中，是南半球上空最著名的天体之一。它由颜色不一的恒星组成，其中以年轻的蓝色恒星居多，这种情况完全符合这个仅有 1 400 万年历史的星团。

4. IC 2602

位于船底座的 IC 2602 也被称为南天七姐妹星团，它拥有 60 颗年轻的恒星，年龄在 5 000 万年左右。该星团距离太阳系约 547 光年，它们排列在天空中所呈现的直径明显大于月球直径。

5. NGC 3293

这个遥远的疏散星团位于船底座中，拥有 100 多颗恒星，距离太阳系约 9 000 光年。来自大质量恒星的紫外辐射激发周围的气体，使其以发射星云的形态发光。

6. NGC 6231

这是一个特别年轻的疏散星团，年龄只有 300 多万年。它位于天蝎座最南端的恒星天蝎座 ζ 旁，距离太阳系约 5 600 光年。该星团用肉眼看上去就像是一个小三角云团。

星团	星座	距离太阳系 / 光年
IC 2602	船底座	480
M7	天蝎座	980
NGC 3532	船底座	1321
M6	天蝎座	1 600
IC 4651	天坛座	2 900
M18	人马座	4 230
NGC 3766	半人马座	5 500
NGC 6231	天蝎座	5 600
NGC 4755	南十字座	6 400
NGC 3293	船底座	9 000

1
2
3
4
5
6

南半球的球状星团

1. 半人马 ω 球状星团

该星团内有几百万颗恒星，是银河系中最大且最亮的球状星团。它距离太阳系 17 000 光年，人们用肉眼可以看到一个模糊的点。

2. NGC 288

该球状星团位于玉夫座中，距离太阳系大约 28 000 光年。对于一个球状星团来说，它的恒星聚集度不是很高，介于巨大的银核与弥散的、不规则的恒星环之间。

3. NGC 121

该球状星团位于杜鹃座，是小麦哲伦云的一部分。尽管它的直径很大，约有 350 光年，但是因为它距离太阳系 20 万光年，对于我们来说太过遥远，所以相比其他星团，它看上去并不突出。

4. NGC 2808

该球状星团位于船底座，拥有 100 万颗恒星。其中，我们可以区分出三代略有不同的恒星，它们是在大约 125 亿年前交错形成的。

5. NGC 5927

这个矩尺座中的星团距离太阳系 25 000 光年，尽管它的构成是典型的球状星团，但是它位于星系盘上，表明它是在两种结构不容易区分的情况下形成的。

6. M4

该星团是天蝎座中最亮的球状星团，最接近太阳系，也是第一个可以观测到单一恒星的星团。它距离太阳系约 7 200 光年，在其恒星中发现了一些脉冲星和许多白矮星。

7. M54

该星团距离太阳系约 87 000 光年，是已知的最稠密的星团。科学家推断它本来不属于银河系，而是被银河系吞没的人马矮椭圆星系的一员。

8. NGC 5986

该星团由苏格兰天文学家詹姆斯 · 邓洛普（James Dunlop）于 1826 年发现。这个豺狼座的明亮球状星团（其视星等为 7.5 等）位于星系盘附近，距离太阳系约 34 000 光年。利用小型望远镜能够观测到其中最亮的一些恒星。

5
6
7
8

杜鹃座 47

它拥有数百万颗恒星，是天空中第二亮的球状星团，仅次于半人马 ω 球状星团。

南半球的星云

从南半球可以观测到一些天空中最壮观的天体，如猎户座星云和船底座星云，恒星形成区以及对天文观测非常重要的分子云，如南十字座中煤袋星云中的暗星云。

左图：豺狼座 3（Lupus 3）恒星形成区

猎户座星云

猎户座星云、M78 和其他已知星云，都属于一个巨分子云复合体，距离太阳系约 1 500 光年。其中，科学家发现众多原行星盘围绕着非常年轻的恒星运行。

猎户座中的恒星存在于太阳系附近最重要的分子云中，在该分子云中，明亮的发射星云和反射星云与成千上万颗新生恒星交织在一起，释放出大量紫外辐射。暗星云划定了最亮星云的轮廓，马头星云（IC 434）就是这种情况。整个区域被称为猎户座分子云复合体，距离太阳系约 1 500 光年，宽度有数百光年。

两种重要的结构

该分子云复合体包含猎户座星云和许多明亮的区域，这些区域可以通过普通的望远镜观测到。有两种结构围绕中心区域：环绕觜宿一（猎户座 λ）的猎户座 λ 星环和巨大气泡的一部分巴纳德环。巴纳德环被认为可能源于约 200 万年前的一次超新星爆发。

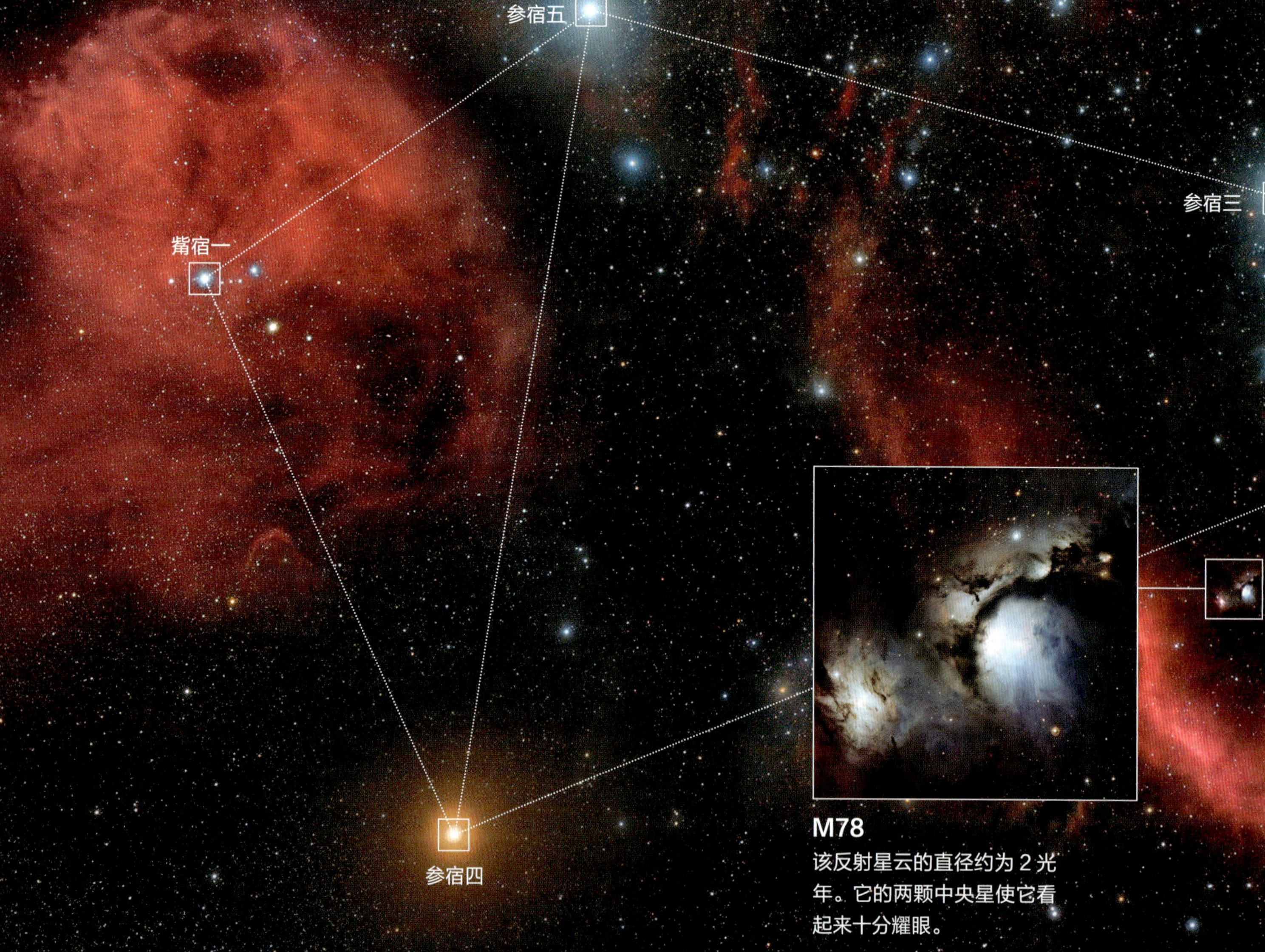

M78

该反射星云的直径约为 2 光年。它的两颗中央星使它看起来十分耀眼。

女巫头星云

该星云距离太阳系仅 1 000 多光年。它是由参宿七的蓝光照亮的反射星云，在红外线波段可见。

参宿七

NGC 1788

隐藏在这个反射星云背后的年轻恒星的年龄只有 100 万年。

猎户座星云

该星云是猎户座分子云复合体的中心区域，包含了大量的气体。这些气体被一个被称为猎户四边形星团发出的光所激发。猎户四边形星团由一小群明亮的年轻恒星组成。

参宿二

参宿一

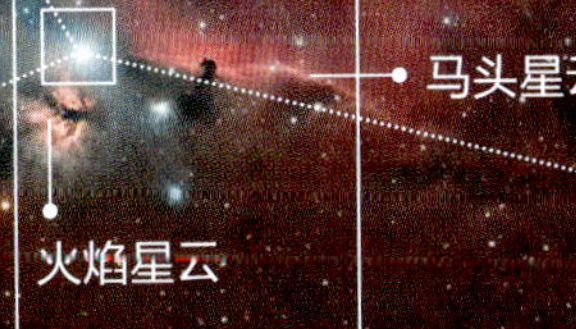

参宿六

马头星云和火焰星云

这些著名的星云位于参宿一周围。马头星云是暗星云，隐藏了正在形成的恒星。

猎户座分子云复合体

上图展示了猎户座中可见的大部分星云——从巨星参宿四（左下）到超巨星参宿七（右上）。

创生之柱

鹰状星云中的这些气体柱充分说明了恒星的起源。来自周围年轻恒星的紫外辐射正侵蚀着气体柱，恒星将在其中诞生。

梅西叶 16（M16），也被称为鹰状星云，是一个由大约 500 颗年龄只有 200 万年的年轻恒星组成的疏散星团和一个发射星云的复合体。该星云位于巨蛇座，处于银河系中的人马臂上，距离太阳系约 5 700 光年。其中的疏散星团于 1746 年被发现，而查尔斯·梅西叶在 20 年后发现了星团周围的星云。

天空之柱

在哈勃空间望远镜的观测下，天文学家发现这个星云复合体呈柱状且不断产生新的恒星，因此它被称作“创生之柱”。这些细长结构由稠密气体组成，年轻恒星发出的紫外辐射正侵蚀着气体柱。最大的气体柱长约 10 光年，其表面可以看到一些刚刚诞生的恒星。这些气体柱内部正孕育着原恒星，在一段很短的时间之后，里面会产生新的真正的恒星。而这些新的恒星最终会将这个气态结构吹散掉。

创生之柱

在鹰状星云的中心，可以看到三根巨大的气体柱，它们会随着辐射侵蚀而逐渐消失。

鹰状星云

这张高分辨率的图片拍摄于智利的拉西亚天文台，可以看到构成鹰状星云的发射星云和疏散星团。

年轻恒星

该疏散星团的主要区域由明亮的年轻恒星构成，其中的博克球状体是孕育原恒星的地方。

气体和尘埃

星云主要成分是分子氢，其次是氮，还含有少量重元素。

星系盘上的星云

南半球上空的发射星云绚丽迷人，如鹰状星云和战争与和平星云，其中最引人注目的星云，如三叶星云和礁湖星云，环绕在星系盘周围。

像大多数旋涡星系一样，银河系中包含的大部分气体都沿着星系臂的方向集中在星系盘中。因此，我们如果用望远镜观察银河系，可以看到大量的星云和浸没在其中的恒星形成区。暗星云，也就是那些没有任何外部恒星照亮的云团，在银河带中很是显眼，在背景恒星的照亮下显现出蜿蜒的形状。

人马座和天蝎座之间的星云

南半球上空拥有和船底星云同样重要的星云，但其中大多数都分布于银河系中心区域附近的人马座和天蝎座中。人马臂上的分子云经过不断凝聚，转变为真正的“恒星工厂”。

NGC 6334

NGC 6334 也被称为猫爪星云，是一个恒星形成区，其向外延伸 50 光年，距离太阳系约 5 500 光年。

色彩斑斓的星云

从银河系的大视场照片中可以看到一些该区域最著名的星云。

NGC 6302

这是一个双极行星状星云，距离太阳系约 3 400 光年，其中心星温度极高，连表面温度都高达 20 万开尔文。

NGC 6565

该星云距离太阳系约 14 000 光年，位于人马座边界。这个行星状星云呈环状，是一颗“濒死”的恒星的残骸。

三叶星云

三叶星云位于人马座，距离太阳系约 4 100 光年。很明显，它被暗星云划分为三个区域。

鹰状星云

该星云是银河系中最常被研究的恒星形成区。它是人马臂的一部分，距离太阳系 5 700 光年。

战争与和平星云

该星云也被称为 NGC 6357，距离太阳系约 7 000 光年，拥有大部分已知的大质量恒星。

礁湖星云

该星云因其内部中心没有气体而得名，其内部发生着剧烈的恒星形成活动。它距离太阳系约 4 100 光年。

ω 星云

也被称为 M17 或天鹅星云，距离太阳系约 5 000~6 000 光年，是银河系中明亮且巨大的发射星云之一。

南半球的分子云

1. 巴纳德 68

这个小小的暗星云将其背后的恒星都遮蔽了起来。它同样也是博克球状体，其中孕育着一颗或多颗恒星。该分子云位于蛇夫座，距离太阳系约 500 光年。

2. 巴纳德 72

该分子云也被称为长蛇星云，位于蛇夫座，那里有大量此类星云，且大部分来自同一分子云，这是不同组成气体坍缩的结果。

3. 巴纳德 86

该暗星云位于人马座，距离太阳系约 6 000 光年。其中充满着稠密的气体和尘埃，很明显，它是附近的的疏散星团 NGC 6520 形成时遗留下来的残骸 。

4. Sandqvist 149

Sandqvist 149 位于苍蝇座，是距离太阳系较近的分子云之一。恒星就诞生在这个又细又长的暗斑中。球状星团 NGC 4372 接近其南端。

5. LDN 1774

这个不规则的分子云从较高密度的中心区域呈丝状发散开来。通过红外观测，天文学家已发现一颗超大质量恒星和一个行星状星云，而它们在可见光波段下是无法观测到的。

6. 豺狼座 4

这个稠密的分子云位于豺狼座和矩尺座之间，距离太阳系约 400 光年。其内部聚集了足够多的物质，可以形成几百颗中等质量的恒星。

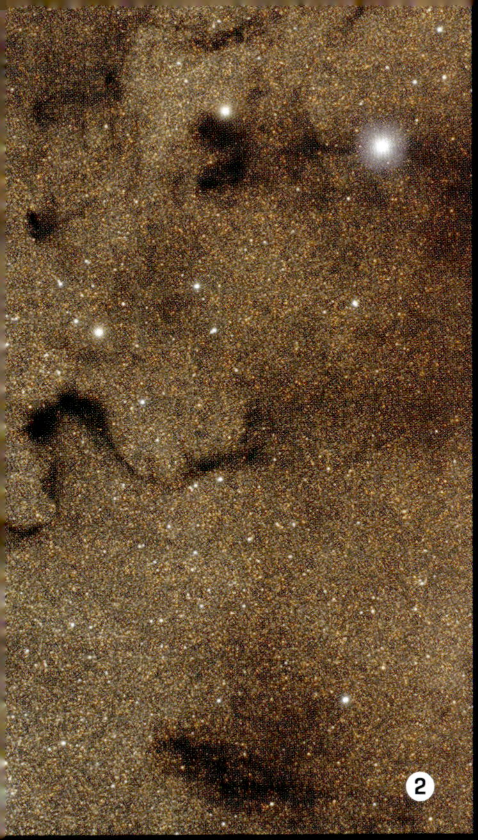

2

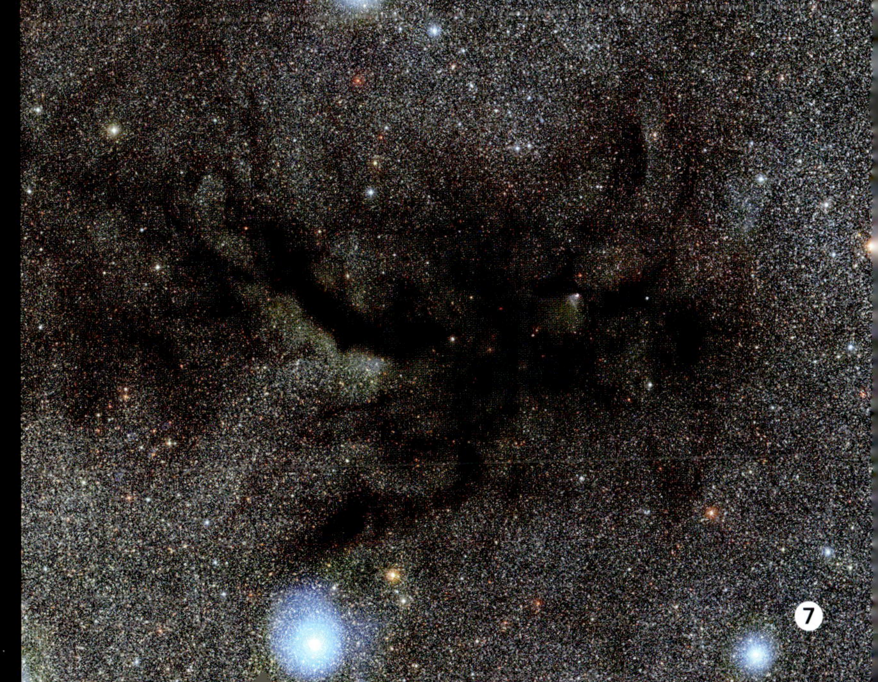

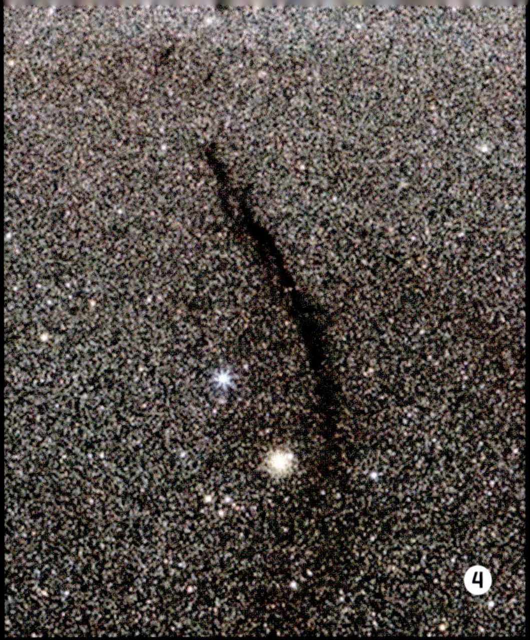

4

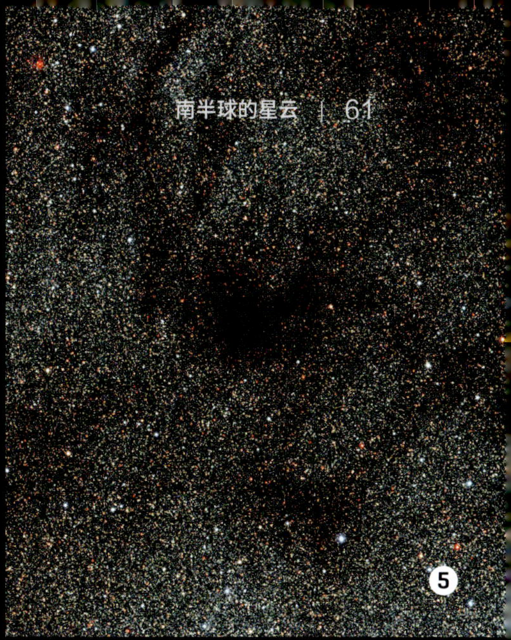

5

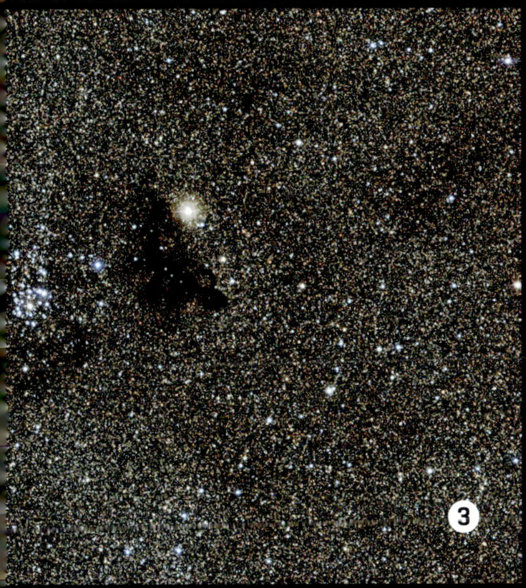

3

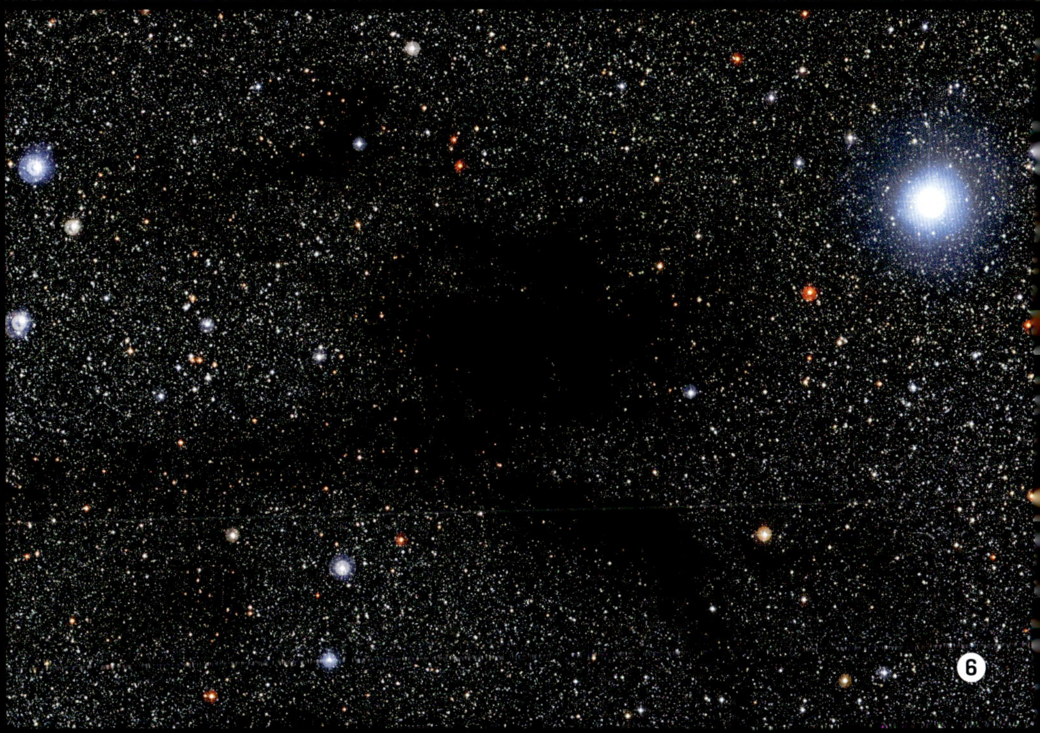

6

7. 烟斗星云

这个呈烟斗状的巨大暗星云位于蛇夫座中，肉眼即可观测到。图中可以看到烟斗星云中最稠密的区域，在不久的将来，这里将会产生大量的恒星。

7

模糊的煤袋星云

煤袋星云位于南十字座中，可以清晰地看到，它位于这张第二代数字化巡天拍摄到的图片中间偏左的位置，其中最亮的恒星是十字架二。

发射星云和电离氢区

人们可以在南半球的星空中观测到一些发射星云，即内部有大质量的恒星正在形成的大型气体云。在这些发射星云中，礁湖星云和三叶星云最引人注目。

在人马座和天蝎座之间有很多著名的恒星形成区，它们位于明亮的星云中。年轻的恒星发出大量的紫外辐射，使气体云中的中性氢原子发生电离所形成的区域被称为电离氢区。这些星云在大分子云（主要由氢分子组成）发生引力坍缩之后形成，同时产生一个致密核，核内一旦达到 1 000 万开尔文的高温便会引发核聚变。此时原恒星进入演化的主序阶段。

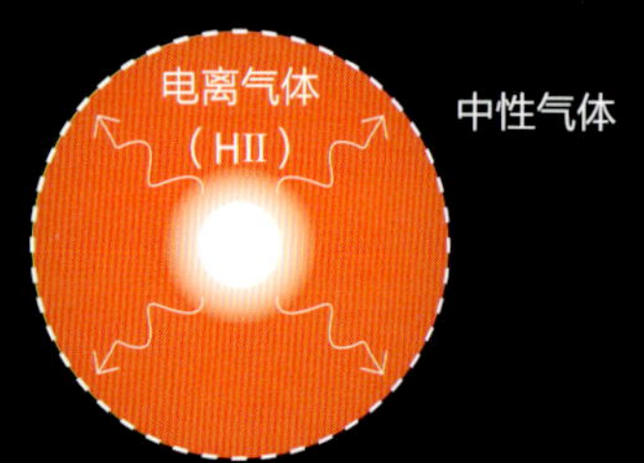

电离氢区

当年轻恒星发出大量的紫外辐射，使气体云中的中性氢原子发生电离，围绕恒星形成的气体云释放出光。

银河系中的星云

银河系中的一些星云，如礁湖星云，用肉眼即可观测到，而天文学家利用小型望远镜可以观测到更多星云，如鹰状星云、ω 星云和三叶星云。它们彼此之间的距离较近，所以可以认为它们来自银河系人马臂上的同一分子云。

三叶星云和礁湖星云

图片显示了人马座中两个主要的恒星形成区：三叶星云（左）和礁湖星云（右）。

猎户座中的恒星

猎户座中的恒星位于同一个猎户座分子云的恒星形成区域中，因此十分引人注目。著名的“猎户四边形星团”（下方左图中央）就位于猎户座星云中，其中的恒星年龄只有 300 万年，它们产生强烈的紫外辐射（下方中图），使位于分子云边缘的猎户座星云中的气体电离发光（下方右图）。

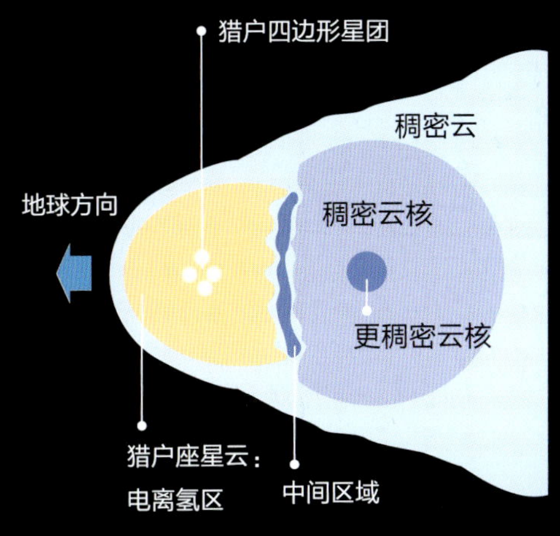

天蝎座中的氢

围绕着心宿二的是蛇夫座 ρ 星云复合体，它是距离太阳系最近、最壮观的恒星形成区之一。

船底星云

该发射星云位于船底座中，距离太阳系约8 500 光年，是较大的星云之一。它拥有银河系中最亮、最大的恒星，这些恒星组成了年轻且明亮的星团。

船底星云是天空中较大的星云之一，其直径超过450 光年，大小是猎户座星云的 4 倍，拥有众多疏散星团和具有可变密度的不同区域。该发射星云位于船底座，肉眼即可观测到，如果使用小型望远镜还可以观测到它的主要组成部分。

超大质量天体

船底星云中包含几颗超大质量恒星，以及一些在银河系中最亮的恒星：如 WR 25，它实际上是一个近100 个太阳质量的双星系统。还有船底座 η，它是一颗不稳定的超大质量恒星，不断向外喷发出大量物质，令人惊讶的是，喷发中产生的气体形成了侏儒星云。天文学家预计，短时间内这颗恒星将超过 100 个太阳质量，其亮度将会是太阳的 500 万倍，最后变成一颗超新星。

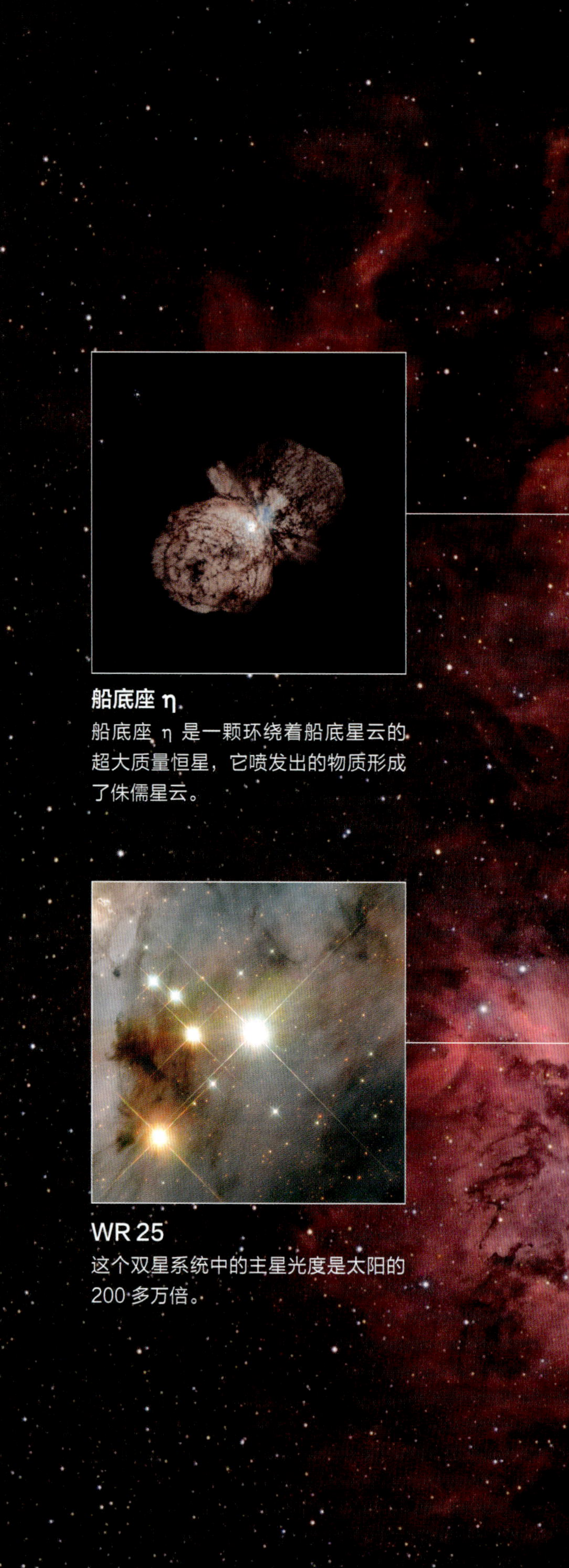

船底座 η

船底座 η 是一颗环绕着船底星云的超大质量恒星，它喷发出的物质形成了侏儒星云。

WR 25

这个双星系统中的主星光度是太阳的200 多万倍。

船底星云的角落

在这张船底星云的图片中，一些相关区域和较大质量的恒星被标记出来。

神秘山

此图为哈勃空间望远镜拍摄的神秘山照片。它拥有多种赫比格－阿罗天体——一种极其活跃的气体结构，环绕在正在形成的恒星周围。

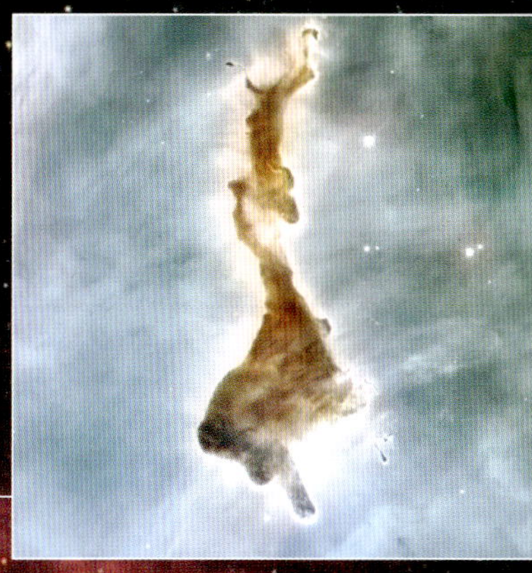

博克球状体

博克球状体包裹着正在形成的原恒星，间接证明了该区域存在年轻恒星。

WR 22

一个 70 个太阳质量的超大质量恒星沃尔夫－拉叶星和一个约 25 个太阳质量的次级恒星形成了这个暗淡的双星系统。

南半球的恒星遗迹

当恒星的核心燃料耗尽时，行星状星云就会形成。它将外层抛离，在几千年后形成了弥散的多彩结构。

1. ESO 378-1

该星云名为南夜枭星云，又名南猫头鹰星云，位于长蛇座中，距离太阳系约 3 500 光年。这个行星状星云的形状是一个完美的圆形，因其与北半球的夜枭星云十分相似而被称为南夜枭星云。图 1 由位于智利的甚大望远镜拍摄。

2. 视网膜星云

该双极行星状星云位于豺狼座，具有环形结构，就像以白矮星为中心展开的甜甜圈一样。从地球的角度观测，它看上去是矩形的。视网膜星云距离太阳系约 2 000 光年。

3. 小宝石星云

该行星状星云也被称为 NGC 6818，位于人马座，距太阳系约 6 000 光年，于 18 世纪由英国天文学家威廉·赫歇尔（William Herschel）发现。由于该星云在演化的不同时刻排出了气体，因此它有两个完全不同的层状结构。

4. NGC 2440

该星云位于船尾座，是由一颗和太阳相似的恒星形成的具有双极结构的行星状星云。它的白矮星是目前已知最热的矮星之一：温度高达 20 万开尔文，这种热量会在数十亿年的时间内逐渐散发出去。

5. 弗莱明 1

该星云位于半人马座，拥有一对偶极外向流*（图中红色部分，由甚大望远镜拍摄），从核心向外喷射延伸到约 9 光年的地方，形成了不同寻常的形状。其中央核心是两颗白矮星。

6. 刺魟星云

刺魟星云也被称为 Henize 3-1357，位于天坛座，距离太阳系约 18 000 光年，是迄今为止已知的最年轻的行星状星云。人们于 20 世纪 70 年代观测到了其原行星状星云的形成。

2

---

*偶极外向流：两股从一颗恒星的两极持续向外流动的气体。

1
5
3
4
6

船帆座星云

这张图片由数字化巡天拍摄，显示了船帆座中发生于 12 000 年以前的超新星爆发留下的遗骸。

南半球的星系

在南半球上空，我们用肉眼就能看到银河系的两个重要伴星系：大麦哲伦云、小麦哲伦云。此外，还能看到室女星系团，它是天空中壮观的星系团之一。

左图：南三角座中相互作用的星系对 ESO 69-6

大麦哲伦云

银河系的主要伴星系具有许多有趣的细节，它包含一些超大质量恒星和巨大的恒星形成区域，如蜘蛛星云。

大麦哲伦云横跨剑鱼座和山案座，距离太阳系只有163 000 光年，是银河系中最大的伴星系。准确地说，受到与银河系之间引力作用的激发，它正在经历强烈的恒星形成活动，这也是大麦哲伦云的主要特征之一。

天体的多样性

大麦哲伦云是一个不规则的星系，质量相当于 300 亿个太阳。肉眼可见，它是一个弥散、延展的天体，而且它有许多引人注目的主要结构和天体，如疏散星团和发射星云。它还包含许多深空天体，以及本星系群中最大的恒星形成区域，即蜘蛛星云。大麦哲伦云也拥有许多明亮的疏散星团，如 NGC 1850，以及已知较年轻的球状星团之一 NGC 1818，这个球状星团只有 4 000 万年的历史。

位置

大麦哲伦云位于剑鱼座中，一直延伸至山案座北部区域。一个明亮、弥散的棒状结构从其中穿过，延伸尺度达到 10 弧度。

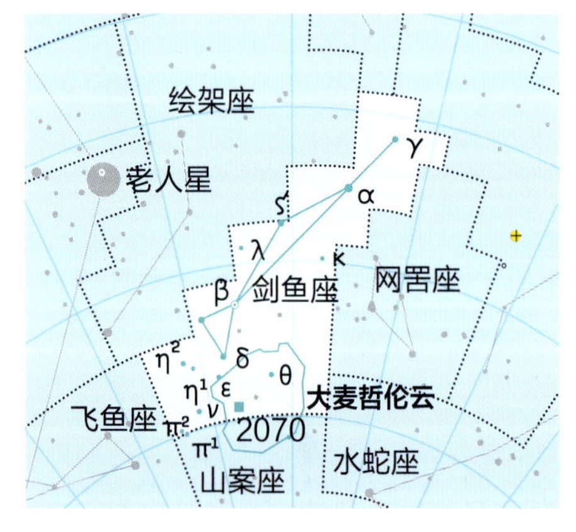

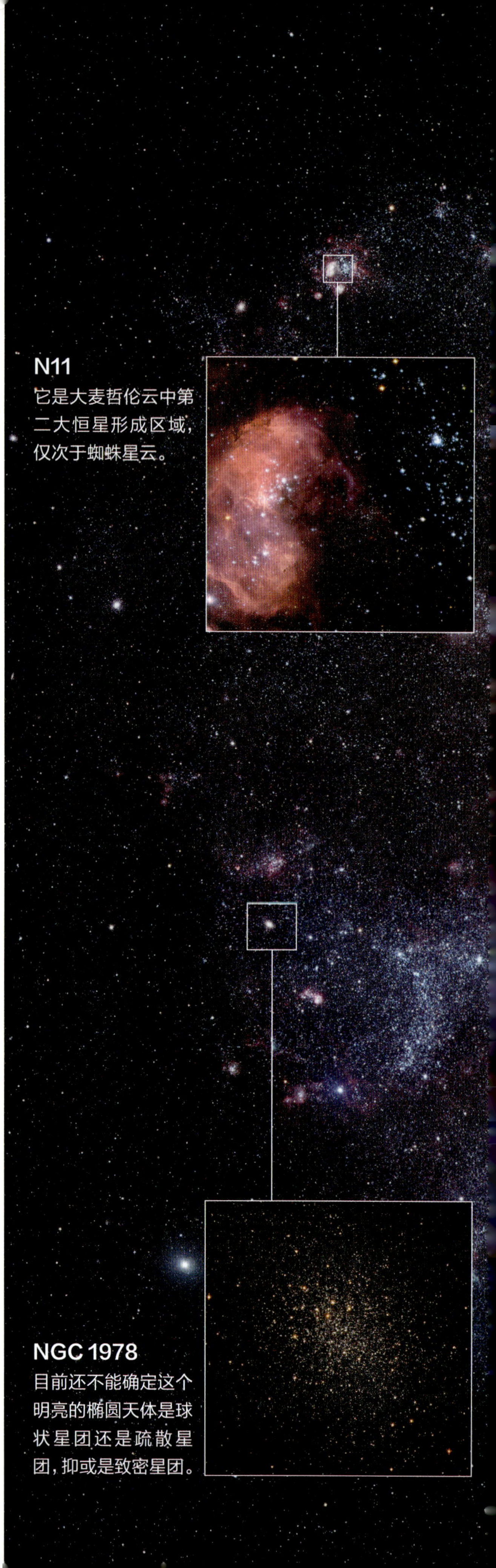

N11
它是大麦哲伦云中第二大恒星形成区域，仅次于蜘蛛星云。

NGC 1978
目前还不能确定这个明亮的椭圆天体是球状星团还是疏散星团，抑或是致密星团。

NGC 1850

这是一个十分稠密的星团，其中的恒星只有400万年的寿命，甚至其前身星云仍然可以被观测到。

N206

该发射星云拥有一个超新星的残骸，两者都与周围的星际介质有着紧密的相互作用。

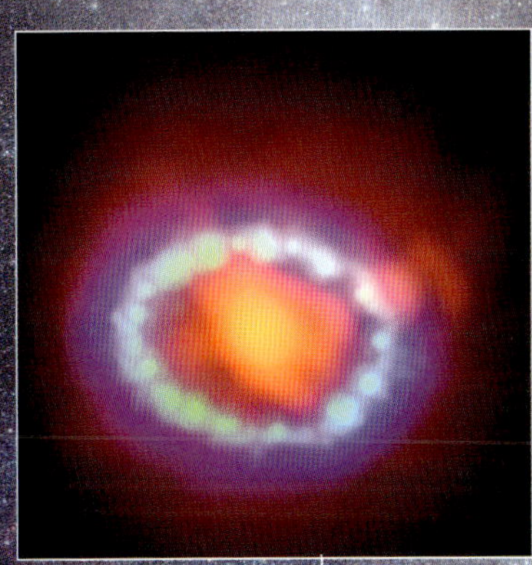

SN 1987A

这是1987年发现的一颗超新星（20世纪观测到的最明亮的超新星）的遗骸。它的前身星是一颗蓝超巨星，可能是由两颗恒星合并形成的。

NGC 2080

该星云内部是极年轻的恒星（只有1万年的历史），它们被多层稠密的气体和尘埃包裹着。

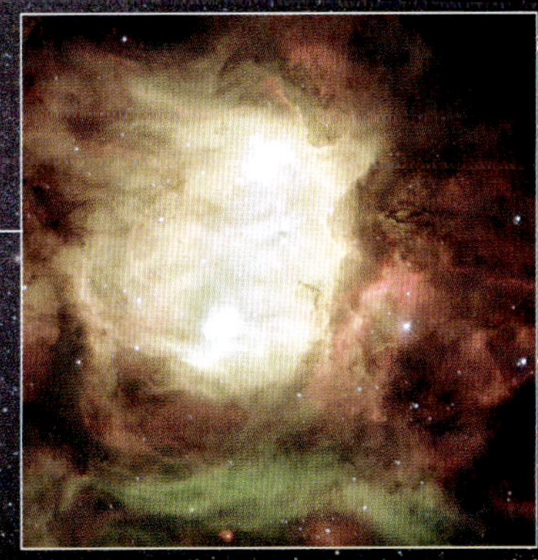

蜘蛛星云

也被称为NGC 2070或剑鱼座30，它是本星系群中最重要的电离氢区，直径约为1 000光年。

色彩之岛

利用小型望远镜就可以观测到大麦哲伦云中各种形状和颜色的独特对比，以及数百个深空天体。

小麦哲伦云

这个不规则矮星系因与银河系和大麦哲伦云相遇而受到影响，失去了自身的结构和大量的恒星。

小麦哲伦云是一个不规则的矮星系，位于距离银河系约 20 万光年的地方。根据最近的研究，它在经过银河系和大麦哲伦云时结构发生变形。它有一个弥散的中央短棒结构，可以使人想起它的过去——一个棒旋星系，还可以看到一种气桥。这是一个强烈的恒星形成区域，这是它与大麦哲伦云之间引力相互作用的表现。

有限的观测范围

和大麦哲伦云一样，直径为 7 000 光年的小麦哲伦云的恒星形成活动很活跃。但与之不同的是，它没有大麦哲伦云那么大的电离氢区。它的表面亮度相对较低，因此必须在远离光污染源的夜空中才能对其进行观测。

位置

整个南半球都可以观测到小麦哲伦云，它位于杜鹃座和水蛇座之间。在天空中，它覆盖了约 14 弧度的视面积，约相当于连续排列的 18 个满月。

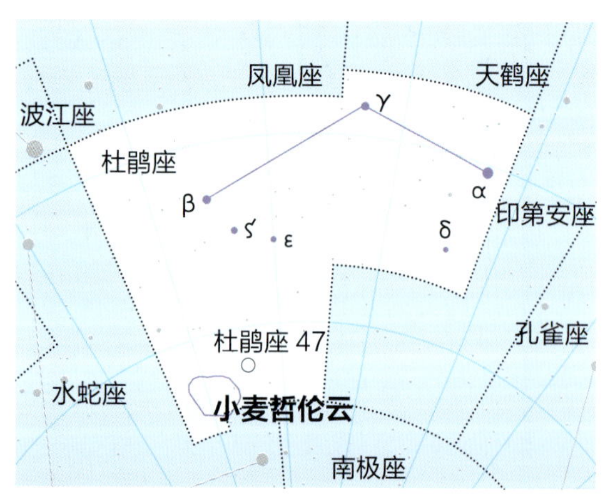

NGC 248
威廉·赫歇尔于 1834 年发现了该发射星云，它长约 60 光年，位于其中的恒星所发出的辐射使它很是耀眼。

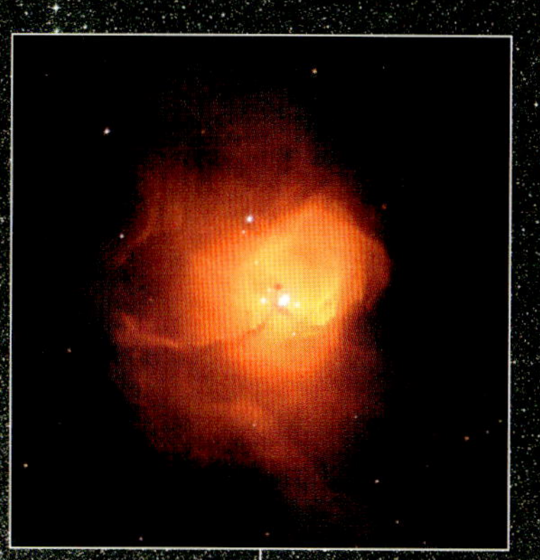

N81

它的超大质量恒星仍然包裹在稠密的气体中。最中心的区域中至少聚集着 50 个星团。

NGC 290

该疏散星团直径大约有 65 光年，占据了小麦哲伦云中最稠密的区域之一，该区域即中心短棒结构内部区域。

NGC 456

在小麦哲伦云的这个区域，几个发射星云正在经历恒星形成活动。

NGC 346

该星云拥有小麦哲伦云中最明亮的恒星。这是一个三星系统，它将以超新星爆发的形式结束自己的生命。

星系大合照

2013 年，美国国家航空航天局发射的雨燕伽马射线天文台拍摄到了这张大视场图像。可以看到，银河系的圆盘十分醒目，旁边是其主要的伴星系：大麦哲伦云、小麦哲伦云。

人马矮星系

这个不规则星系极其暗淡且弥散，很难被观测到。它距离银河系近 400 万光年，是本星系群中距银河系最远的一个星系。

人马不规则矮星系（Sagittarius Dwarf Irregular Galaxy，又叫 SagDIG）距离银河系近 400 万光年，是本星系群中离我们最遥远的星系。由于其光度低（视星等为 15.5 等），很难对其进行观测。此外，它所在的区域充满大量恒星和星际尘埃，这也解释了为什么直到 1977 年，智利拉西亚天文台才观测到它。

临近的恒星形成

天文学家认为人马矮星系中的恒星相对年轻：它的许多恒星年龄在 4 亿 ~80 亿年，并且其金属含量非常稀少。人马矮星系还包含大量气体，这些气体可以产生壮观的恒星形成活动。它靠近银河系，是研究恒星诞生的理想场所。

小的蓝色云朵

人马矮星系隐藏在银河系中成千上万的恒星后面，看起来像一团小小的蓝色恒星云。

微小的恒星

方框显示了来自该星系的一些恒星，其中许多是年轻的蓝巨星。

位置

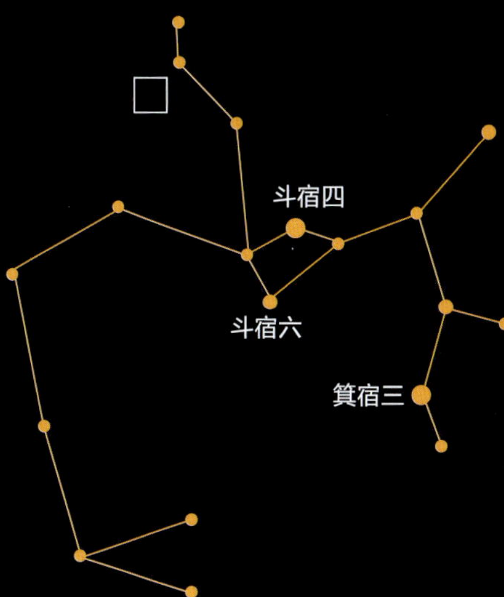

该图显示了这个不规则的人马矮星系在同名星座中的位置。利用甚大望远镜，人们可以在距离光污染源足够远的夜空中观测到它。

人马矮椭圆星系

该星系距离银河系约 5 万光年，千万不要把它和人马不规则矮星系混淆。人马矮椭圆星系由于银河系的引力作用而变形为椭圆形。我们的银河系已俘获了它的许多恒星。这个矮椭圆星系的运动轨迹如图所示。

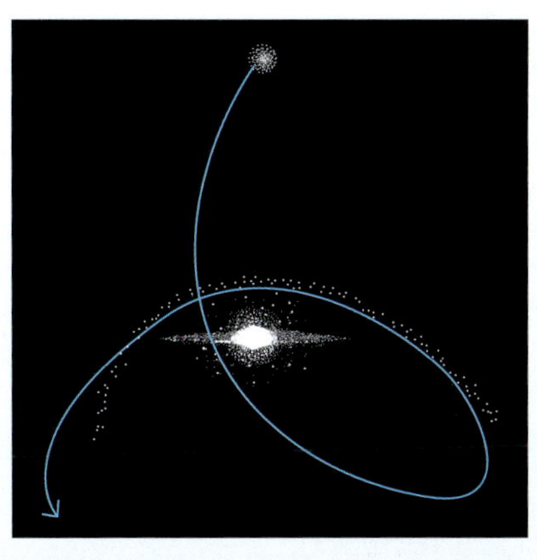

室女星系团

该星系团处于室女超星系团的中心位置，包含2000多个星系，距离太阳系约6000万光年。在其中心区域，活跃的星系M87十分突出。

室女星系团距离太阳系约5500万~6500万光年，是由2000多个星系组成的星系团，这些星系构成了本星系群室女座超星系团的中心。室女星系团拥有大量的椭圆星系——尤其是在它的中心区域。室女星系团的直径大约为1500万光年。中心的多数旋涡星系都会呈现出气体短缺的情况，这是因为与星系际介质以高速相互作用而使气体被剥离。

室女星系团的子群

室女星系团分为三个明确定义的子群：M87是一个椭圆的活动星系，是其中一个子群的主要星系，而M86和M49是另外两个子群的主要星系。M49也是一个椭圆星系，由较小的星系吸积形成，它是室女星系团中最亮的星系，也是第一个被发现的星系。该区域的星系际介质的温度可以达到大约数百万开尔文。

位置

图中的正方形界定了室女星系团的位置，该星系团跨越南北半球至少5°×3°，位于狮子座、后发座和室女座之间。人们可以通过小口径望远镜分辨出其中数十个主要星系。

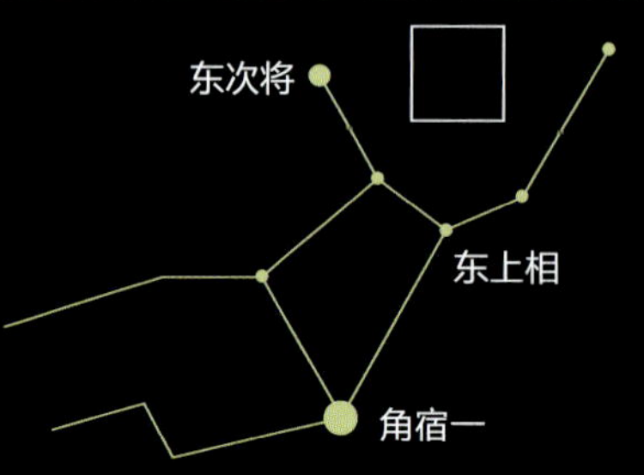

星系	类型	相对星等	距离太阳系 / 百万光年
M61	旋涡星系	10.2	52
M86	椭圆 / 透镜状星系	9.8	52
M87	椭圆星系	9.6	53
M84	椭圆 / 透镜状星系	10.1	55
M100	旋涡星系	9.5	55
M60	椭圆星系	9.8	56
M49	椭圆星系	9.4	56
M90	旋涡星系	10.2	58
M85	透镜状星系	10	60
M88	旋涡星系	10.4	50 ~ 60

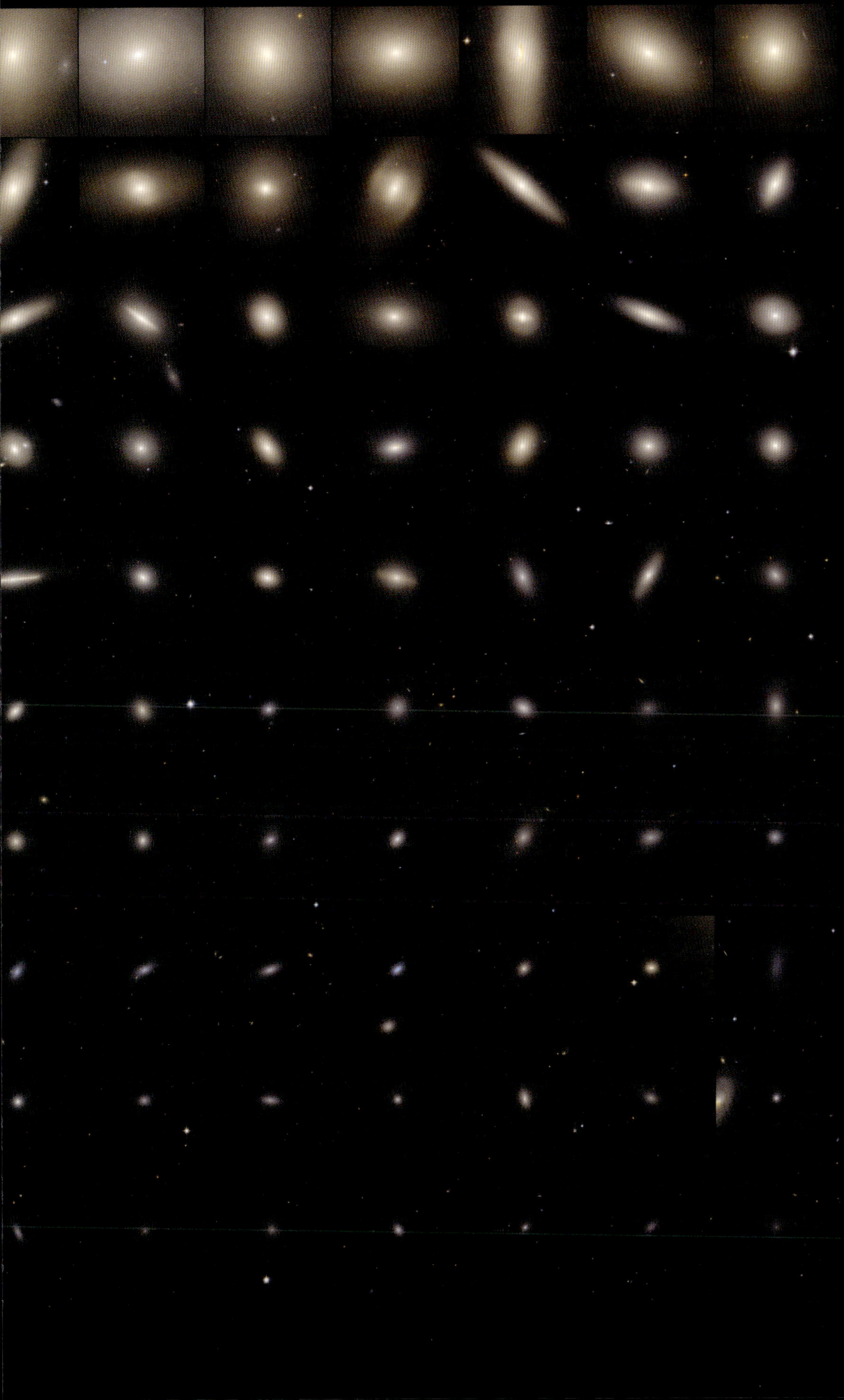

室女星系团

这张图片是由哈勃空间望远镜拍摄的室女星系团的主要部分。其中较大质量的星系呈椭圆形。

M87 喷流

位于 M87 星系内部的超大质量黑洞因发出可见的粒子喷流而引人注目，该粒子喷流向星系核之外延伸了数千光年。

M87 即梅西叶 87，是室女星系团中主星系的名称，它是由法国天文学家查尔斯·梅西叶于 1781 年发现的。M87 呈椭圆形，由较小的星系吸积而成，直径约为 25 万光年，是银河系的 2 倍多。它的影响半径中至少有 12 000 个球状星团，与约 150 个环绕银河系的球状星团相比，这个数目相当可观。

巨兽的声音

像大多数大型星系一样，M87 内部也有一个超大质量黑洞，质量相当于 65 亿个太阳。围绕它的是气体吸积盘和高速旋转的非常热的星际物质，星际物质受到黑洞强大的引力场吸引。随之而来的是一束高能等离子喷流，以相对论速度（与光速相近）运行，并延伸到星系核之外约 5 000 光年。

活动星系

活动星系是指在其内部包含一个向外产生强大电磁辐射的超大质量黑洞的星系。它捕获的星周物质聚集在星系中心周围，呈环形结构，其方向限制了该黑洞发射的粒子射流的可见性。粒子流向外喷射的距离达到了数千光年，其喷射速度如此之快，以至于可以在相隔几年的照片中观察到它的变化。

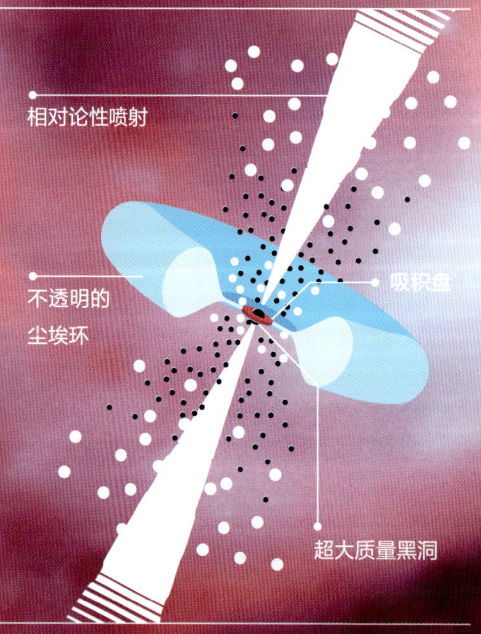

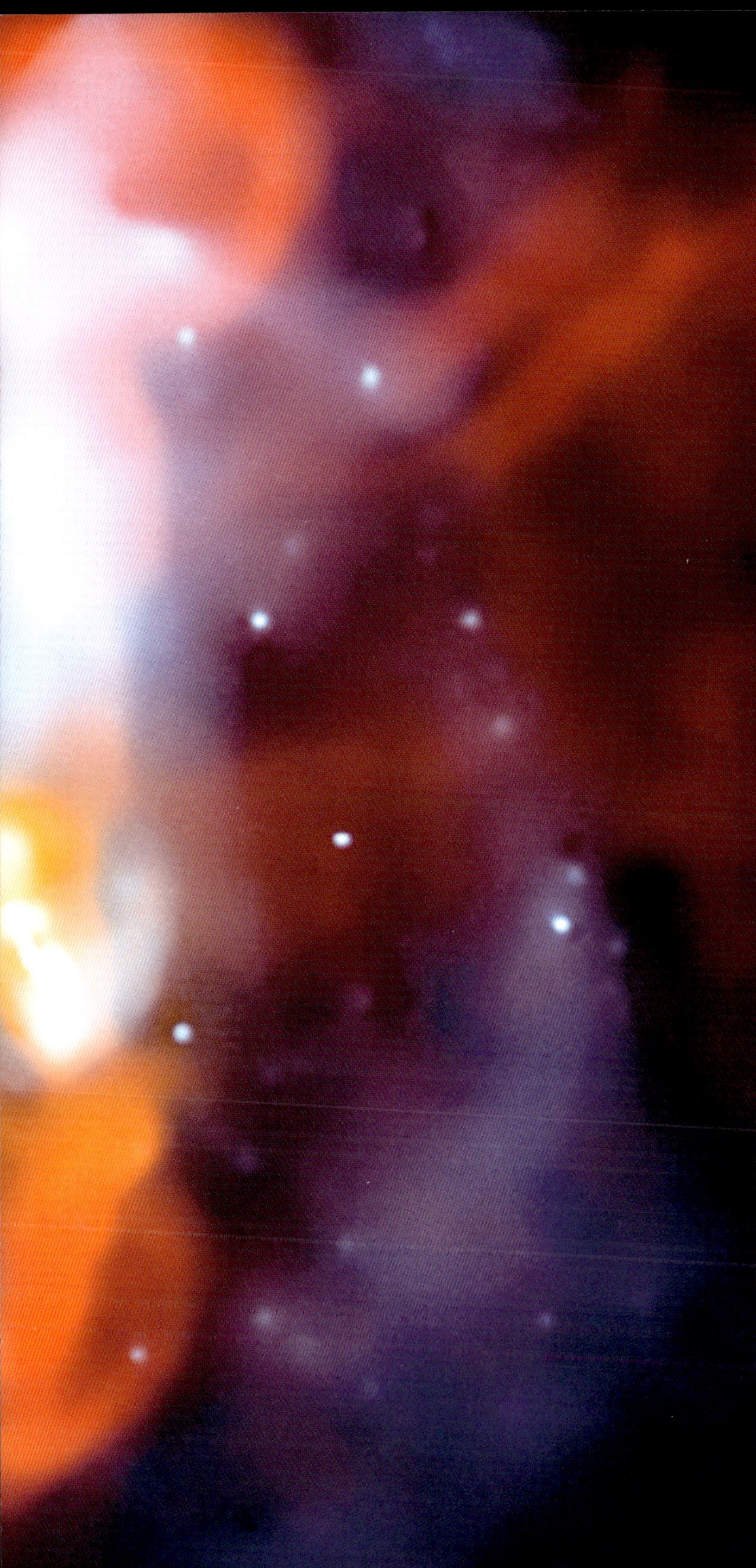

这是黑洞

2019 年 4 月 10 日，事件视界望远镜（Event Horizon telescope，EHt）“拍摄”到了第一张黑洞照片，该黑洞位于室女座 M87 星系的中心。这是黑洞研究历史上的一个里程碑。多亏了位于世界不同地区的八台射电望远镜之间的通力合作，才获得了这张如此清晰的图像。照片中的橙色表示黑洞周围的吸积盘发出的辐射。

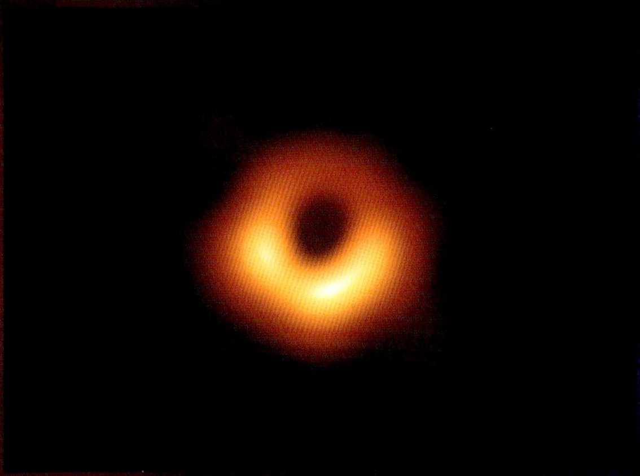

M87 的位置

M87 位于室女星系团的中心区域，在狮子座和室女座之间。通过小型双筒望远镜可以观测到。它看起来是一个弥散的、拥有明亮内核的球体，紧邻其他重要的星系，如椭圆的 M84 或 M86。使用更大口径的望远镜可以将来自遥远星系的光线与该星系团区分开来。由位于美国克利夫兰凯斯西储大学的华纳和斯韦齐天文台拍摄的这张照片中，M87 出现在左下方。图中的黑点是从最终图像中删除的恒星。

M87 内部

钱德拉 X 射线天文台（Chandra X-ray Observatory）拍摄到的 X 射线图像和甚大阵（Very Large Array）拍摄到的射电波图像显示了黑洞强烈活动产生的冲击波。

半人马射电源 A

半人马射电源 A 位于半人马座中，是距离太阳系较近的活动星系之一。它能释放出很强的电磁辐射，是因为它中心有一个超大质量黑洞。

喷流的大小

该图像是半人马射电源 A 的喷流与月球的大小对比（假设半人马射电源 A 的喷流肉眼可见）。

经过计算，半人马射电源 A 与太阳系之间的距离为 1 000 万 ~1 600 万光年，它是接近银河系的射电星系之一，这激发了天文学家对它的兴趣。半人马射电源 A 是一个活动星系，其中心有一个黑洞，质量约为 5 500 万倍太阳质量。同时它又是一个透镜状星系，形状介于椭圆和旋涡之间。它目前正在经历星系吞食：正在慢慢吞噬着位于其内部的旋涡星系，并以这种方式促进了恒星形成的强烈活动。

活动星系

除了穿过星系中心的尘埃带，该星系最典型的特征就是发射出两个巨大的双极喷流，它们与星际介质相互作用并产生惊人的电磁辐射。这些喷射出的粒子以约 1/2 的光速运行，可到达距离星系核 90 万光年的区域。

半人马射电源 A 的不同风采

这些图片是在不同波长下拍摄的半人马射电源 A 照片。从左到右分别是红外线、可见光、射电波、紫外线和 X 射线。

位置

该方框表示半人马射电源 A 在半人马座中的位置，它非常靠近半人马 ω 球状星团。从欧洲大陆的南部观测的话，可以看到它非常接近地平线。事实上，从更南部的地区进行观测有助于进行更深入的研究。通过小型望远镜就可以分辨出将该星系一分为二的尘埃带。

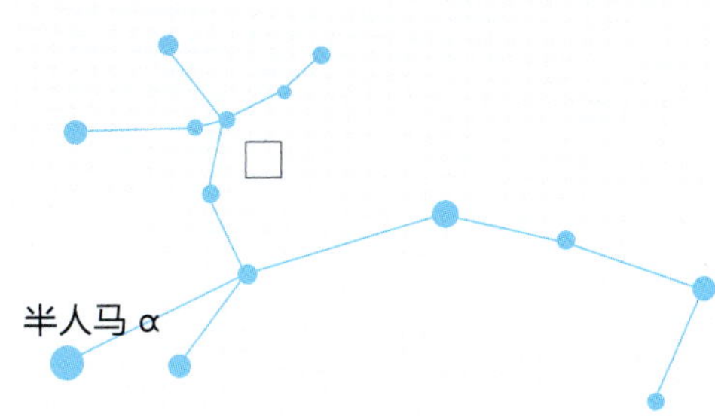

星系中心的结构

半人马射电源 A 的超大质量黑洞活动在其周围产生一个高温带，温度远超过吸积盘。目前尚不能直接观测该吸积盘，但它的位置和方向是精确已知的，因为它垂直于双极喷流（射电喷流和 X 射线粒子喷流）的方向。双极喷流来自中心黑洞的两极，并以很高的速度（大约是 1/2 的光速）运行，直到被喷射出该星系。

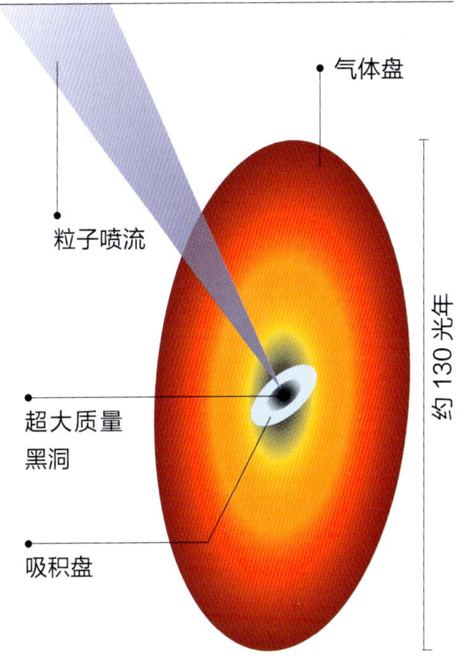

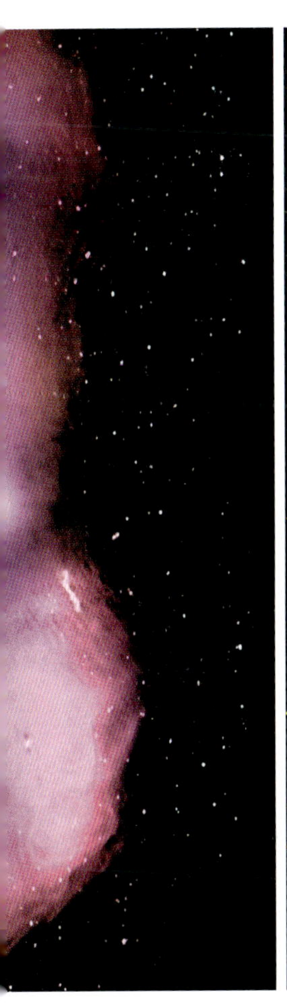

术语解释

A

矮星系　指与其他“正常”星系相比较小一些的星系。矮星系大约包含正常星系中 1/10 的恒星。银河系的本星系群中，大多数星系都是矮星系。

暗星云　暗星云的密度足以遮蔽来自背景天体所发出的光，它的温度极低，以至于不能发出可见光。它通常位于分子云最寒冷、最稠密的区域，并且是恒星和行星形成的重要中心之一。通过其他波段的电磁波（如红外线或射电波）可以研究隐藏在暗星云中的物质。

B

白矮星　是一种低光度、高密度、高温度的恒星。因为它的颜色呈白色、体积比较矮小，因此被命名为白矮星。白矮星是演化到末期的恒星，主要由碳构成，外部覆盖一层氢气与氦气。

棒旋星系　由恒星组成的、中央具有棒状结构的旋涡星系。大约 2/3 的旋涡星系都是棒旋星系，其中也包括银河系。棒状结构的存在会影响恒星的运动以及位于旋臂中的星际气体。

变星　指在地球上观测到的亮度不断变化的恒星。这种变化可能是恒星发射出的光的变化，或是从地球角度观测到的光被遮挡住了。通过变星，我们可以获得如银河系直径这样有价值的信息。

波长　波在一个振动周期内传播的距离。波长是波的特性之一，也就是相邻两个振动位相之间的距离。比如可见光，它的波长和颜色相关。蓝光波长较短，红光波长相对较长。

博克球状体　小巧的气体区域，类似于微型暗星云。它的大小各异，有的甚至只有几光年大小，并且可能在其中形成恒星。通常在博克球状体中至少有一颗或更多颗恒星形成，它是未来恒星的摇篮。

不规则星系　该星系外形与众不同，不属于任何星系的形状类型。不规则星系的数量在宇宙早期更为丰富。很多时候，它们的不规则形状是与附近其他星系的引力相互作用的结果。

C

超大质量黑洞　在宇宙中可以发现的最大的黑洞。它们的质量可能是太阳的数十亿倍。尽管它们的形成过程仍然是个谜，但有迹象表明它们可能是恒星级黑洞通过吸积物质演化而来的。

超巨星　超巨星的质量至少是太阳质量的 8 倍，并且消耗了其核心的所有氢。同时，它会迅速膨胀并开始在内部进行氦和其他元素的核聚变过程。它是在宇宙中可以观测到的质量最大、最明亮的恒星之一。

超新星爆发　大质量恒星演化结束时发生的天文现象。尽管可能有不同的机制导致这种现象，但总的来说，这是一种能量极高的现象，可以摧毁恒星的全部或大部分物质。超新星爆发之后，可能留下一个由中子组成的致密核（中子星），或者，如果核区质量足够大，也可以演变成一个黑洞。

D

电离气体　也被称为等离子体，其中组成它的所有原子都被电离，常被视为是除固态、液态、气态外，物质存在的第四态。宇宙中的大多数物质都是以等离子体形式存在的。它可以存在于诸如太阳之类的恒星内部、星际空间、星云和其他天体结构中。

F

发射星云　由电离气体形成的星云，能发出不同颜色的光。电离源通常是附近的一些恒星或星团。由生命走向尽头的恒星产生的新恒星形成区域和行星状星云通常都属于发射星云。星云所发出的颜色取决于气体的组成和电离状态。其中，最常见的是由氢发出的红色。

分子云　是星际云的一种，它的密度和温度允许氢分子（H_2）形成。分子云内部是气体和尘埃更为密集的区域，当引力足够大时，可触发恒星的生成。

G

光度　在天文学中，它是天体例如恒星、星系等在一定时间间隔内辐射出的总能量。光度以瓦特或焦耳每秒为单位。一般用太阳光度作为参考，太阳的光度是 3.84×10^{26} 瓦特。可以根据恒星的大小和温度确定恒星的光度。

光年　光行进一年的距离，约 9.46 万亿千米。它是天文学中距离的标准度量之一，用于指示比我们在太阳系中发现的距离更大的距离。它与秒差距一样（相当于 3.26 光年），是最常用的度量单位之一。

光谱　连续谱中的一组数值。可以指涵盖所有电磁辐射频率的电磁波谱，也可以指可见光谱（电磁波谱中人眼可见的一小部分）。

光谱型 在天文学中，光谱型使恒星可以根据其电磁光谱的特征进行分类，这些特征指示了它们的温度和某些元素的丰度。我们使用字母 O、B、A、F、G、K 和 M 降序排列对其进行分类。O 型恒星是温度最高的恒星，而 M 型恒星是温度最低的恒星。

H

褐矮星 质量介于巨型行星和恒星之间的天体，因为它在形成过程中没有聚集足够多的物质来引发氢核聚变，所以也被称为“失败的恒星”。它的质量通常是木星的 13~80 倍。

赫比格 - 阿罗天体 年轻恒星不断喷射出电离气体，这些气体会与恒星周围的气体云和尘埃云激烈碰撞，在恒星周围形成一圈引人注目的云状物质。

黑洞 由致密的天体产生的具有强烈引力作用的空间区域，任何物质无法从其内部逃逸。尽管不可见，但黑洞的存在可以通过它对其他物质的影响或通过其附近的可见光推断出来。

红矮星 主序星中比较冷的小恒星。它的质量是太阳质量的 0.007 5~0.5 倍，表面温度不超过 4 000K。它是银河系中最常见的恒星类型，银河系中 3/4 的恒星都是红矮星。它的寿命极长，可以达到数十亿年。

红超巨星 宇宙中体积最大的一类恒星。红超巨星是恒星离开主序后的最后阶段之一。与红巨星不同，红超巨星继续进行比碳更重的元素的核聚变过程，直到最终爆炸为超新星。

红巨星 是恒星演化的最后阶段，体积巨大而质量较小。当恒星核心的氢被耗尽后，其外周会继续进行核聚变。在此期间，恒星的半径可以达到太阳的 200 倍。

红外线 电磁辐射的一种类型，其波长大于可见光，肉眼无法看到。这种电磁辐射是威廉 · 赫歇尔（William Herschel）在 1800 年发现的。从太阳到达地球的能量中，有接近一半是以红外辐射形式存在的。

环 它是由小碎片和尘埃组成围绕着行星或其他天体运行的圆盘。所有气态巨行星都有环，它也出现在一些较小的天体上，例如小行星凯莉克罗星。但其中最著名的是土星环。

黄道 指两个不同的概念：一方面，指的是太阳在其一年的天球运动中描绘出的圆形路径；另一方面，指的是地球绕着太阳运动的轨道平面。黄道可以作为太阳系中其他天体的轨道倾角的参考。

彗星 冰冻的小型天体。这种天体在接近太阳的时候，会释放出表面积聚的气体。这一过程使彗星产生了一种尾巴状的结构（称为彗发）。在适当的条件下，甚至可以在地球上用肉眼看到彗发。

活动星系 具有活动星系核的星系，即星系中心或至少是其中一部分，在电磁光谱的某些区域或全部区域具有比正常情况高得多的发光度。这种光度不能归因于恒星的存在，而是源于不同的机制。最成熟的假设认为，活动星系源于其中超大质量黑洞正在吸积物质的过程。所有星系都有可能在其演化的某个时刻，特别是在其形成过程中经历相似的阶段。

J

巨星 半径和亮度明显大于太阳的恒星，这些恒星在消耗了核中的所有氢之后，已经离开或正在离开主序带。有时，该术语也适用于主序阶段中的大质量恒星。

K

柯伊伯带 位于海王星轨道以外的星周盘。它从距离太阳大约 30 AU 延伸到 50 AU。尽管它类似于小行星带，但它的总质量约为小行星带的 20~200 倍。位于柯伊伯带的 3 颗矮行星：冥王星（和它的卫星卡戎）、妊神星和鸟神星。

M

脉冲星 一种快速自转的中子星，在两极处向外喷发出很强的辐射。当辐射束在旋转过程中扫过地球方向时，人们便能探测到周期性的脉冲信号，其行为仿佛是宇宙中的灯塔。有些脉冲星每秒自转多达数百次。

Q

球状星团 球形的恒星群，像卫星一样绕银河系的中心旋转。它通常由成千上万颗老恒星组成，由强烈的引力聚在一起。在银河系中已观察到的球状星团约有 150 个。

S

视星等 从地球上用肉眼所观测到的天体亮度，也被称为相对星等。视星等的数值大小与亮度成反比，可以取负数，数值越小，其亮度越大。天狼星是夜空中最亮的恒星，其视星等约为 -1.4。

疏散星团 在同一分子云内部形成，由数百颗或数千颗年轻恒星组成的天体。疏散星团在最初形成的几百万年中，由于恒星之间的引力吸引而结合在一起，随着时间的推移，由于与银河系中其他恒星和星团相互作用而逐渐消散。银河系中已发现超过 1 000 个疏散星团。

数字化巡天（DSS） 几个数字化的夜空摄影合集，这是一个延续至今的项目。原始材料由照相板组成，覆盖了 6.5 度的正方形的天空区域，分辨率为 14 000 × 14 000 像素或者 23 040 × 23 040 像素。

T

天球 以地球为中心的抽象球体。可以将天空中的所有物体理解为好像它们都投影到球体的内表面上。这在天文学中是一个有用的工具，因为没有关于我们与它们之间实际距离的准确信息，所以看上去所有的天体似乎都离我们一样远。

透镜状星系 一种介于旋涡星系和椭圆星系之间的中间星系。该星系同时具有旋涡星系和椭圆星系的特征：它具有类似于旋涡星系的盘状结构，但缺乏明确的星系臂；此外，像椭圆星系一样，它耗尽了大部分星际物质，并且只有少量的恒星形成活动。

椭圆星系 指具有椭圆形状的一类星系。它的特点是在中心区域周围没有任何类型的组织或结构。它的大多数恒星都在随机轨道上运行。椭圆星系是宇宙中可以观测到的最常见的星系类型之一，其恒星通常要比旋涡星系的恒星年长得多。

W

沃尔夫 - 拉叶星 沃尔夫 - 拉叶星是高温恒星。在强烈的星风下，其质量损失率非常高。在某些情况下，它甚至会耗尽其氢外壳。它在爆炸前阶段被认为是超新星。

X

吸积盘 弥散物质在环绕大质量物体时形成的结构，其中心一般是恒星。盘中物质的粘滞耗散使物质不断失去能量，向内移动。吸积盘是宇宙中最常见的结构之一，原行星盘、黑洞吸积盘和类星体都是这种结构。

系外行星 也称为“太阳系外行星”，是位于太阳系外部的绕恒星运行的行星。1992 年确认首次发现系外行星。自那时以来，已发现 4 000 多颗系外行星。在 2009—2018 年运行的开普勒望远镜是该领域中最多产的望远镜，共发现了 2 662 颗系外行星。

相对论性喷射 即带电的等离子喷流被加速到接近光速。已观测到的大部分相对性喷射来自宇宙中最强烈的喷射活动，如活跃的星系核（射电星系和类星体）、恒星级黑洞、脉冲星和其他中子星。天文学家已观测到喷射高度高达几百万光年的光束。

小行星 小行星是指在太阳系中的小天体。科学家们猜测它们是古代微行星的遗迹，这些微行星没有积累起足够的物质来聚合成长为行星。大多数小行星都位于木星和火星之间的小行星带。

星风 来自恒星外层的荷电粒子流。它通常由电子、质子和其他粒子组成。它是许多现象的原因，比如彗星的彗尾和极光，后者是电离层加热的结果。

星际介质 组成星系的恒星之间的空间。可能被气体、灰尘和宇宙线占据，产生新恒星的分子云也处于这个区域。旅行者 1 号是第一个到达星际介质的航天器。

星冕仪 可以连接到望远镜的设备，目的是阻挡恒星发出的光。由于它阻挡了恒星发出的光，附近其他天体就可以被观测到。除了广泛用于太阳研究外，它还用于寻找邻近恒星的系外行星。

星团 一群恒星由于自身引力作用束缚在一起，叫作“星团”。可分成两大类型：球状星团，由古老恒星组成的巨大恒星群（恒星数量从一万到数百万颗不等），其恒星年龄大约有 110 亿年的历史；疏散星团，它只包含几十颗年轻恒星。与球状星团不同的是，最终，疏散星团仅凝聚数百万年就会散开，其中所有的恒星在诞生之初就已成团。

星系棒 有些旋涡星系会呈现出贯穿星系核的棒状结构，银河系就是个例子。宇宙中已经观测到的旋涡星系有大约 66% 具有棒状结构。星系棒扮演着“恒星育婴室”的角色，将星际气体吸收到星系中心并造成恒星的形成。

星系臂 从旋涡星系中心延伸出来的由恒星、气体和尘埃组成的旋涡状结构。它们是旋涡星系外形的主要特征。银河系也具有旋臂，太阳系位于它其中的一条旋臂上，称为猎户臂，有时也称为本地臂。

星系核 它是一个星系的中心，通常由一大群恒星组成。如果星系足够大，它将包含一个超大质量黑洞。当星系核吸积周边物质时，可能导致中心区域的亮度大大高于正常值。一般这种星系核则称为活动星系核。

星系核球 紧密聚集的一群恒星，一般是指很多旋涡星系（如银河系）中心的明显突起。星系核球是更小结构合并的结果，在其中心处通常存在一个超大质量的黑洞。

星系盘 旋涡星系的旋臂和星系棒所在的平面。它是旋涡星系中气体和尘埃密度最高的区域，盘面聚集了大量年轻恒星，其中多为大质量恒星，寿命短且呈蓝色。正是这种特征赋予了旋涡星系蓝色的基色色调。

星云 星际空间中的气体和尘埃云。绝大多数星云是星系中的恒星形成区，但是该术语也用于定义恒星演化晚期所抛出的气体壳层，被称为行星状星云。

星组 星组通常十分明亮，夜空中肉眼即可观测到。它们或者是来自不同星座的恒星组合，如“夏季大三角”，由天鹅座的天津四，天琴座的织女星和天鹰座的牛郎星（也称河鼓二或牵牛星）组成，或者是来自较大星座的一些恒星，如北半球夏季最常见的星组战车，它由北斗七星中最亮的恒星组成。

星座 天空中不同区域恒星通过组合而虚构出来的一些可识别的形象。它们通常代表神话中的动物和生物以及英雄和不同的神灵。整个地面天球可划分为 88 个现代星座，分别代表了 42 种动物、29 个无生命的物体和 17 个神话生物。

行星状星云 由走到生命尽头的太阳型恒星将其外壳抛射到太空中后形成的星云。在这之后，恒星残留的核心照亮行星状星云，并使它看上去像一片发射星云。

Y

宜居带 一组到恒星或到银河系中心的距离，在该距离内具备生命出现的适当条件。在这个区域，适宜的温度可以保障行星表面液态水的存在，且岩石行星最有可能形成。

引力坍缩 天体在自身引力作用下收缩的一种机制。它既引发了分子云内部高密度区域的恒星形成，也是恒星最后坍缩的原因。当它耗尽在形成过程中所积累的燃料时，聚变产生的压力消失，恒星也在自身引力作用下坍缩。此后产生的天体取决于恒星的初始质量。

原恒星 仍在从分子云中吸收质量的年轻恒星。这是恒星演化过程的第一阶段，其持续时间决定了成熟之后的大小，太阳的原恒星阶段持续了 100 多万年。它始于分子云中物质的坍缩，核聚变开始就代表原恒星阶段的终结。

原行星 处于原行星盘上的大型天体，其内部有熔融的过程。原行星是由 1 千米大小的微行星碰撞合并形成的，是行星的前身。据估计，太阳系中可能曾有数百个原行星，其大小类似于冥王星和谷神星。

Z

质心 也称为重心。在互相围绕旋转的双星或者多星系统中，除了天体各自的质心外，就系统而言，还存在一个共同的系统的质心。当天体之间的质量差异非常大时，如太阳和地球，质心实际上与质量最大的天体中心重合。

中性氢区和电离氢区 星际介质中的星云由中性氢（HI）或电离氢（HII）组成。像银河系一样，中性氢区域对于确定旋涡星系的结构起关键作用。而在电离氢区，恒星形成非常普遍。旋涡星系中分布着大量电离氢区域。

自转轴 天体自转的假想轴。对于地球和太阳系中绝大多数行星来说，自转轴与表面交于两极。根据行星公转轨道平面的不同，自转轴指向可能会随时间发生变化。

紫外线 电磁波谱辐射的一种。它的波长比可见光的波长短，但比 X 射线的波长长。太阳发出的能量中大约有 10% 是紫外线辐射。

图片来源

封面
NASA/ESA/Hubble; Contraportada: (左) Digitized Sky Survey/Robert Gendler/Science Photo Library; (右上) NC; (右下) ESO/H. Boffin;

内文
2-3: M. A. Garlick; 4-5: J. W. Borrego Bustamante; 6-7: A. Dyer/Vwpics/Science Photo Library; 8-9: E. Slawik/Science Photo Library; 10-11: NASA; 12-13: ESO/H. H. Heyer;

14-15: ESO/H. Dahle; 16-17: F. García Mora; 18-19: (Fomalhaut) D. De Martin; (Al Nair, Alpheca Meridiana, Peacock) Archivo RBA; 20-21 (Arneb, Achernar) Archivo RBA; (Alpha Caeli) ESO; (Deneb Kaitos) NASA/CXC; (Ankaa) NC; 22-23: (Gamma Velorum, Alphard) Archivo RBA; (Sirio) NASA/ESA/G. Bacon (STScI); (Naos) Kryptid; (Canopus) NASA; 24-25: (Atria) R. Esposito; (Alpha Lupi) NC; (Rigil Kentaurus) ESO/DSS 2; (Acrux) Naskies; 26-27: (Sadalsuud, Antares, Zubeneschamali, Spica) Archivo RBA; (Kaus Australis) NC; 28-29: B. Fugate (FASORtronics)/ESO; 28: NASA/ESA/T. Brown (STScI)/W. Clarkson (Univ. Michigan-Dearborn)/A. Calamida/K. Sahu (STScI);

30-31: NASA/ESA/Hubble; 32-33: A. Cherney/Science Photo Library; 34-35: ESO/Digitized Sky Survey 2; 35左下: ESA/Hubble/NASA; 36-37: M. A. Garlick; 38-39: F. García Mora; 40-41: B. Tafreshi/Science Photo Library; 42-43: Mark A. Garlick; 43右下: NASA/JPL-Caltech/Gemini Observatory/AURA/NSF; 44-45: NASA/ESA/P. Kalas/J. Graham/E. Chiang/E. Kite (Univ. California, Berkeley)/M. Clampin (NASA/Goddard)/M. Fitzgerald (Lawrence Livermore)/K. Stapelfeldt/J. Krist (NASA/JPL); 44左上: D. De Martin; 45下: ESA/NASA/L. Calçada (ESO for STScI); 46-47: (1,3) ESO; (2,5) ESO / G. Beccari; (4) Celestial Image Co./Science Photo Library; (6) (Rayos X) NASA/CXC/Univ. Valparaíso/M. Kuhn et al; (Infrarrojo) NASA/JPL/WISE; 48-49: (1) ESO; (2,3,6,7,8) NASA/ESA/Hubble; (4) NASA/ESA/A. Sarajedini (Univ. Florida)/G. Piotto (Univ. Padua); (5) Based on NASA/ESA Hubble Space Telescope, from Hubble Legacy Archive; 50-51: ESO/M. R. Cioni/VISTA Magellanic Cloud survey;

52-53: ESO/F. Comeron; 54-55: R. Bernal Andreo; 54: (M78) ESO/I. Chekalin; 55: (NGC 1788) ESO; (Cabeza de Caballo, La Flama) ESO/Digitized Sky Survey 2; (Orión) G. Nilsson/Hole Observatory; 56-57: ESO; 56: NASA/ESA/Hubble Heritage Team/K. M. Gill; 57 (a,b): NASA/ESA/Hubble; 58-59: ESO/F. Char; 58 (NGC 6334): NASA/ESA/Hubble; 59 (NGC 6302) NASA/ESA/The Hubble SM4 ERO Team; (Guerra y Paz) NASA; (NGC 6565): J. Schmidt; (Trífida, Águila, Omega) ESO; (Laguna) ESO/S. Guisard; 60-61 (1,2,3,5,6,7): ESO; (4) Naskies; 62-63: ESO/Digitized Sky Survey 2/D. De Martin; 64: Fedaro/S. Roland; 65中上: ESO/IDA/Danish 1.5 m/R. Gendler, J. E. Ovaldsen & A. Hornstrup; 65右上: NASA/C. R. O'Dell/S. K. Wong (Rice Univ.); 65下: R. Bernal Andreo; 66-67: H. Boren; 66: (Eta Carinae) N. Smith (Univ. California, Berkeley)/NASA; (WR 25): NASA, ESA & J. Maíz Apellániz (I. de Astrofísica de Andalucía), 67 (Bok) NASA/ESA/N. Smith (Univ. California, Berkeley)/The Hubble Heritage Team (STScI/AURA); (WR 22): ESO; (Montaña Mística): NASA/ESA/M. Livio/The Hubble 20th Anniversary Team (STScI); 68-69: (1) ESO; (2) NASA/The Hubble Heritage Team (STScI/AURA)/C. R. O'Dell (Vanderbilt Univ.; (3) ESA/Hubble/NASA/Judy Schmidt; (4) NASA/ESA/The Hubble Heritage Team (AURA/STScI); (5) ESO/H. Boffin; (6) NASA/M. Bobrowsky (Orbital Sciences Corporation); 70-71: Digitized Sky Survey/Robert Gendler/Science Photo Library;

72-73: NASA/ESA/The Hubble Heritage Team (STScI/AURA)/ESA/Hubble Collaboration/A. Evans (Univ. Virginia, Charlottesville/NRAO/Stony Brook Univ.); 74-75: ESO/R. Gendler; 74: (N11) NASA/ESA/J. Maíz Apellániz (I. Astrofísica de Andalucía); (NGC 1978) Fabian RR; 75: (NGC 1850) ESA/NASA/M. Romaniello (ESO); (N206) Archivo RBA; (SN 1987A) (ALMA): ESO/NAOJ/NRAO/A. Angelich; (Hubble) NASA/ESA/R. Kirshner (Harvard-Smithsonian Center for Astrophysics & Gordon and Betty Moore Foundation)/P. Challis (Harvard-Smithsonian Center for Astrophysics); (Chandra) NASA/CXC/Penn State/K. Frank et al.; (Tarántula) ESO/M.R. Cioni VISTA Magellanic Cloud survey/Cambridge Astronomical Survey Unit; (NGC 2080) ESA/NASA/M. Heydari-Malayeri (Observatoire de Paris); 76-77: ESA/Hubble & Digitized Sky Survey 2; (NGC 248) NASA/ESA/STScI/K. Sandstrom (Univ. California, San Diego)/The SMIDGE team; (N81) M. Heydari-Malayeri (Observatoire de Paris)/NASA/ESA; (NGC 290) ESA/NASA; (NGC 456) Archivo RBA; (NGC 346) NASA/ESA/A. Nota (ESA/STScI/STScI/AURA); 78-79: NASA/Swift/S. Immler (Goddard)/M. Siegel (Penn State); 80-81: ESO/M. Bellazzini et al.; 82-83: NASA/ESA/E. Peng (Univ. Pekín); 84-85: (Rayos X) NASA/CXC/KIPAC/N. Werner et al.; (Radio) NSF/NRAO/AUI/W. Cotton; 84下: F. García Mora; 85右上: EHT Collaboration; 85右下: Ch. Mihos (Case Western Reserve Univ.)/ESO; 86左下: NASA/Spitzer; 86右下: ESO/NASA; 86上: I. Feain, T. Cornwell & R. Ekers (CSIRO/ATNF); 87左下: NASA/JPL-Caltech/SSC; 87右下: NASA/CXC/U. Birmingham/M. Burke et al.